ENVIRONMENTAL ENGINEERING DICTIONARY OF TECHNICAL TERMS AND PHRASES

ENVIRONMENTAL ENGINEERING DICTIONARY OF TECHNICAL TERMS AND PHRASES

English to Turkish and Turkish to English

FRANCIS J. HOPCROFT
AND A. UGUR AKINCI

MOMENTUM PRESS, LLC, NEW YORK

Environmental Engineering Dictionary of Technical Terms and Phrases: English to Turkish and Turkish to English

First published by Momentum Press®, LLC
222 East 46th Street, New York, NY 10017
www.momentumpress.net

ISBN-13: 978-1-94561-296-1 (print)
ISBN-13: 978-1-94561-297-8 (e-book)

Momentum Press Environmental Engineering Collection

Collection ISSN: 2375-3625 (print)
Collection ISSN: 2375-3633 (electronic)

Cover and interior design by Exeter Premedia Services Private Ltd., Chennai, India

10 9 8 7 6 5 4 3 2 1

Printed in the United States of America

Abstract

This reference manual provides a list of approximately 300 technical terms and phrases common to Environmental and Civil Engineering which non-English speakers often find difficult to understand in English. The manual provides the terms and phrases in alphabetical order, followed by a concise English definition, then a translation of the term in Turkish and, finally, an interpretation or translation of the term or phrase in Turkish. Following the Turkish translations section, the columns are reversed and reordered alphabetically in Turkish with the English term and translation following the Turkish term or phrase. The objective is to provide a Technical Term Reference manual for non-English speaking students and engineers who are familiar with Turkish, but uncomfortable with English and to provide a similar reference for English speaking students and engineers working in an area of the world where the Turkish language predominates.

KEYWORDS

English to Turkish translator, technical term translator, translator, Turkish to English translator

Contents

1	Introduction	1
2	How to Use This Book	3
3	English to Turkish	5
4	Turkish to English	69
References		127

CHAPTER 1

INTRODUCTION

It is axiomatic that foreign students in any country in the world, and students who may be native to a country, but whose heritage may be from a different country, will often have difficulty understanding technical terms that are heard in the nonprimary language. When English is the second language, students often are excellent communicators in English, but lack the experience of hearing the technical terms and phrases of Environmental Engineering, and therefore have difficulty keeping up with lectures and reading in English.

Similarly, when a student with English as their first language enters another country to study, the classes are often in the second language relative to the student. These English-speaking students will have the same difficulty in the second language as those students from the foreign background have with English terms and phrases.

This book is designed to provide a mechanism for the student who uses English as a second language, but who is technically competent in the Turkish language, and for the student who uses English as their first language and Turkish as their second language, to be able to understand the technical terms and phrases of Environmental Engineering in either language quickly and efficiently.

CHAPTER 2

How to Use This Book

This book is divided into two parts. Each part provides the same list of approximately 300 technical terms and phrases common to Environmental Engineering. In the first section the terms and phrases are listed alphabetically, in English, in the first (left-most) column. The definition of each term or phrase is then provided, in English, in the second column. The Third column provides a Turkish translation or interpretation of the English term or phrase (where direct translation is not reasonable or possible). The fourth column provides the Turkish definition or translation of the term or phrase.

The second part of the book reverses the four columns so that the same technical terms and phrases from the first part are alphabetized in Turkish in the first column, with the Turkish definition or interpretation in the second column. The third column then provides the English term or phrase and the fourth column provides the English definition of the term or phrase.

Any technical term or phrase listed can be found alphabetically by the English spelling in the first part or by the Turkish spelling in the second part. The term or phrase is thus looked up in either section for a full definition of the term, and the spelling of the term in both languages.

CHAPTER 3

English to Turkish

English	English	Türkçe	Türkçe
AA	Atomic Absorption Spectrophotometer; an instrument to test for specific metals in soils and liquids.	AE	Atomik Emilme Spektrofotometresi; katı ve sıvılardaki belirli metalleri test etmek için kullanılan bir alet.
Activated Sludge	A process for treating sewage and industrial wastewaters using air and a biological floc composed of bacteria and protozoa.	Etkinleş-tirilmiş Balçık	Lağım ve endüstriyel su atıklarını arıtmak için hava ile bakteri ve protozoa'nın oluşturduğu biyolojik bir topak kullanan bir işlem.
Adiabatic	Relating to or denoting a process or condition in which heat does not enter or leave the system concerned during a period of study.	Isıgeçirmez	Bir gözlem süresince belli bir sisteme ısının girmemesi veya o sistemden çıkmaması süreci veya şartına ilişkin olma veya böyle bir duruma işaret etme hali.
Adiabatic Process	A thermodynamic process that occurs without transfer of heat or matter between a system and its surroundings.	Isıgeçirmezlik Süreci	Bir sistemle çevresi arasında hiç bir ısı veya madde alışverişi olmadan cereyan eden termodinamik bir süreç.

English	English	Türkçe	Türkçe
Aerobe	A type of organism that requires Oxygen to propagate.	Havacıl (isim)	Üremek için oksijene ihtiyacı olan bir organizma türü.
Aerobic	Relating to, involving, or requiring free oxygen.	Havacıl (sıfat)	Serbest oksijene ilişkin; serbest oksijenin içinde yer aldığı; veya serbest oksijen gerektiren.
Aerodynamic	Having a shape that reduces the drag from air, water or any other fluid moving past.	Hava Devinimsel	Akıp giden hava, su, veya herhangi bir benzeri sıvının sürtünme direncini azaltacak bir şekile sahip olma hali.
Aerophyte	An Epiphyte	Asalak Olmayan Konuk Bitki	Bir üst bitken.
Aesthetics	The study of beauty and taste, and the interpretation of works of art and art movements.	Güzelduyu (Estetik)	Güzellik ve beğeni bilimi; sanat eseri ve akımlarının yorumlanması.
Agglomeration	The coming together of dissolved particles in water or wastewater into suspended particles large enough to be flocculated into settlable solids.	Yığışma	Su veya atıksuyunda erimiş taneciklerin bir araya gelip topaklanarak katı bir çökelek oluşturabilecek kadar büyük ve asılı tanecikler oluşturması.
Air Plant	An Epiphyte	Hava Bitkisi	Bir üst bitken
Allotrope	A chemical element that can exist in two or more different forms, in the same physical state, but with different structural modifications.	Eşözdek	Aynı fiziksel halde ama farklı yapısal değişikliklerle iki veya daha fazla değişik yapıda var olabilen kimyasal element.

English	English	Türkçe	Türkçe
AMO (Atlantic Multidecadal Oscillation)	An ocean current that is thought to affect the sea surface temperature of the North Atlantic Ocean based on different modes and on different multidecadal timescales.	(AOYS) Atlantik Onlarca Yıllık Salınımı	Değişik modlar ve değişik onlarca yıllık zaman ölçeklerine bağlı olarak Kuzey Atlantik Okyanusu'ndaki deniz yüzeyi sıcaklığını etkilediği düşünülen bir okyanus akımı.
Amount Concentration	Molarity	Çözelti Yoğunluğu	Molarite
Amount vs. Concentration	An amount is a measure of a mass of something, such as 5 mg of sodium. A concentration relates the mass to a volume, typically of a solute, such as water; for example: mg of Sodium per liter of water, or mg/L.	Miktar ila Yoğunluk	"Miktar" bir şeyin kütlesinin ölçümüdür, örneğin '5 mg sodium' gibi. "Yoğunluk" ise kütlenin hacime (örneğin su gibi bir çözgene) olan oranını ifade eder. Örneğin, bir litre sudaki X-miktar Sodyum, ya da X mg/L.
Amphoterism	When a molecule or ion can react both as an acid and as a base.	Amfoterizm	Bir molekül veya iyonun hem asit hem de baz olarak reaksiyon gösterme hali.
Anaerobe	A type of organism that does not require Oxygen to propagate, but can use nitrogen, sulfates, and other compounds for that purpose.	Oksijensiz Yaşayabilen (isim)	Üremek için oksijene ihtiyacı olmayan ama o amaç için nitrojen, sülfatlar ve diğer bileşimleri kullanabilen bir organizma türü.
Anaerobic	Related to organisms that do not require free oxygen for respiration or life. These organisms typically utilize nitrogen, iron, or some other metals for metabolism and growth.	Oksijensiz Yaşayabilen (sıfat)	Soluk almak veya hayatta kalmak için serbest oksijene ihtiyaç duymayan canlı varlıklara dair. Bu organizmalar metabolizmaları ve büyümeleri için genellikle nitrojen, demir, veya başka metalleri kullanırlar.

English	English	Türkçe	Türkçe
Anaerobic Membrane Bioreactor	A high-rate anaerobic wastewater treatment process that uses a membrane barrier to perform the gas-liquid-solids separation and reactor biomass retention functions.	Anaerobik Zar Biyoreaktörü	Gaz-sıvı-katıları ayırmak ve reaktör biokütle muhafaza işlevlerini yerine getirmek için zar bariyer kullanan yüksek-hızlı bir anaerobik atıksuyu temizleme işlemi.
Anammox	An abbreviation for "Anaerobic Ammonium Oxidation", an important microbial process of the nitrogen cycle; also, the trademarked name for an anammox-based ammonium removal technology.	Anammox	"Anaerobic Ammonium Oxidation" tümcesinin kısaltılmış hali. Nitrojen çevriminde önemli bir mikrobiyal süreçtir. Aynı zamanda da anammox-bazlı amonyum giderme teknolojisinin ticari markalı ismidir.
Anion	A negatively charged ion.	Anyon	Negatif yüklü iyon.
AnMBR	Anaerobic Membrane Bioreactor	AnMBR	Anaerobik Zar Biyoreaktörü
Anoxic	A total depletion of the concentration of oxygen, typically associated with water. Distinguished from "anaerobic" which refers to bacteria that live in an anoxic environment.	Anoksik	Oksijen konsantrasyonunun tamamen tükenmesi; genelikle suda görülen bir durumdur. Anoksik bir ortamda yaşayan bakteriler için kullanılan "Anaerobik" deyiminden farklıdır.
Anthropo-denial	The denial of anthropogenic characteristics in humans.	Antropo-inkar	İnsanlardaki "antropojenik" özelliklerin inkarı.
Anthropo-genic	Caused by human activity.	Antropojenik	İnsanların faaliyetleri sonucunda meydana gelen.

English	English	Türkçe	Türkçe
Anthropology	The study of human life and history.	Antropoloji	İnsan hayatı ve tarihini inceleyen bilim.
Anthropo-morphism	The attribution of human characteristics or behavior to a non-human object, such as an animal.	İnsanbi-çimcilik (Antropo-morfizm)	İnsani olmayan nesnelere (örneğin hayvanlara) insani özellikler veya davranışlar atfetmek.
Anticline	A type of geologic fold that is an arch-like shape of layered rock which has its oldest layers at its core.	Yukaç	En eski tabakası çekirdeğinde (merkezinde) olan ve kemer (veya kambur) biçimli katman kayalardan oluşan bir jeolojik kıvrım (büklüm).
AO (Arctic Oscillations)	An index (which varies over time with no particular periodicity) of the dominant pattern of non-seasonal sea-level pressure variations north of 20N latitude, characterized by pressure anomalies of one sign (positive or negative relative to an average base) in the Arctic with the opposite anomalies centered about 37–45N.	Kuzey Kutup Salınımları (KKS)	20N enleminin kuzeyindeki sezon-dışı deniz-seviyesi basıncındaki değişikliklerin başat örüntüsünün (zaman içinde değişecek olan ve hiç bir belirli dönemselliği olmayan) bir indeksi. Bu indeksin özelliği, Kuzey Kutbundaki (ortalama bir değere göreceli olarak) yüksek veya alçak basınç sapmasına 37–45N enlemi civarında odaklanan ters işaretteki basınç sapmasının eşlik etmesi ve böylece her ikisi birden ele alındığında bir salınım görünümü yaratmalarıdır.

English	English	Türkçe	Türkçe
Aquifer	A unit of rock or an unconsolidated soil deposit that can yield a usable quantity of water.	Sutaşır (Aküfer)	Kullanılabilir miktarda su sağlayabilen bir kaya birimi veya pekişmemiş toprak deposu.
Autotrophic Organism	A typically microscopic plant capable of synthesizing its own food from simple organic substances.	Kendibeslek Organizma	Kendi yiyeceğini basit organik maddelerden sentezleyebilen mikroskopik bitki.
Bacterium(a)	A unicellular microorganism that has cell walls, but lacks organelles and an organized nucleus, including some that can cause disease.	Bakteri	Hücre duvarlarına sahip ancak hücre örgenine ve düzenli bir çekirdeğe sahip olmayan ve bazıları da hastalığa sebep olabilen tek hücreli bir mikroorganizma.
Benthic	An adjective describing sediments and soils beneath a water body where various "benthic" organisms live.	Bentik (sıfat)	İçinde muhtelif "bentik" organizmaların yaşadığı bir su kütlesinin altındaki çökelti ve toprak tabakalarını betimleyen bir sıfat.
Biochar	Charcoal used as a soil supplement.	Biyolojik Kömür	Toprağı bütünlemek ya da zenginleştirmek için kullanılan odun kömürü.
Biochemical	Related to the biologically driven chemical processes occurring in living organisms.	Biyokimyasal (sıfat)	Canlı organizmalarda görülen biyolojik-kökenli kimyasal süreçlere ilişkin.

English	English	Türkçe	Türkçe
Biofilm	Any group of microorganisms in which cells stick to each other on a surface, such as on the surface of the media in a trickling filter or the biological slime on a slow sand filter.	Biyofilm	Damlatmalı filtredeki filtre malzemesinin veya yavaş kum filtresindeki biyolojik balçığın yüzeyi gibi bir satıhda hücreleri birbirine yapışan herhangi bir grup mikroorganizma.
Biofilter	See: Trickling Filter	Biyofiltre	Bakınız: Damlatmalı Filtre
Biofiltration	A pollution control technique using living material to capture and biologically degrade process pollutants.	Biyofiltrasyon	Süreç kirleticilerini yakalayıp biyolojik olarak ayrıştırmak için canlı malzeme kullanan bir kirlilik kontrol tekniği.
Bioflocculation	The clumping together of fine, dispersed organic particles by the action of specific bacteria and algae, often resulting in faster and more complete settling of organic solids in wastewater.	Biyotopaklanma	İnce ve dağılmış organik taneciklerin özgül bakteri ve yosunların hareketiyle kümeleşmeleri. Bu, organik katıların atıksuyu içinde çoğu zaman daha hızlı ve fazla çökelmesine yol açar.
Biofuel	A fuel produced through current biological processes, such as anaerobic digestion of organic matter, rather than being produced by geological processes such as fossil fuels, such as coal and petroleum.	Biyoyakıt	Kömür ve petrol gibi jeolojik süreçlerle üretilen fosil yakıtlar değil de organik maddenin anaerobik hazmı gibi güncel biyolojik süreçler yoluyla üretilen bir yakıt.

English	English	Türkçe	Türkçe
Biomass	Organic matter derived from living, or recently living, organisms.	Biyokütle	Canlı veya yakın zamana kadar canlı olan organizmalardan elde edilen organik madde.
Bioreactor	A tank, vessel, pond or lagoon in which a biological process is being performed, usually associated with water or wastewater treatment or purification.	Biyoreaktör	Genellikle su veya atıksuların arıtılma veya temizlenme amacıyla içinde biyolojik işleme tabi tutulduğu hazne, küvet, gölet, veya gölcük.
Biorecro	A proprietary process that removes CO_2 from the atmosphere and store it permanently below ground.	Biyorekro	Karbondiyoksiti atmosferden ayrıştıran ve daimi olarak yeraltında depolayan tescilli bir süreç.
Biotransformation	The biologically driven chemical alteration of compounds such as nutrients, amino acids, toxins, and drugs in a wastewater treatment process.	Biyodönüşüm	Bir atıksu temizleme sürecinde besin maddeleri, amino asitler, toksinler, ecza/ilaç ve uyuşturucu madde gibi bileşimleri biyolojik temelli kimyasal yöntemlerle değiştirmek.
Black Water	Sewage or other wastewater contaminated with human wastes.	Kara Su	İnsan dışkısıyla kirlenmiş lağım suyu veya benzeri atıksular.
BOD	Biological Oxygen Demand; a measure of the strength of organic contaminants in water.	BOT	Biyolojik Oksijen Talebi; sudaki organik kirleticilerin ne kadar kuvvetli olduğunun bir ölçüsü.

English	English	Türkçe	Türkçe
Bog	A bog is a domed-shaped land form, higher than the surrounding landscape, and obtaining most of its water from rainfall.	Turba Bataklığı	Turba Bataklığı kubbe şeklinde, kendini çevreleyen kara parçasından daha yüksekte ve suyunun çoğunu yağmur yağışlarından temin eden bir toprak oluşumudur.
Breakpoint Chlorination	A method for determining the minimum concentration of chlorine needed in a water supply to overcome chemical demands so that additional chlorine will be available for disinfection of the water.	Klorlama Sınırı	Bir su kaynağının mikroplardan arındırılması için ilave klor gerektiğinde bu yeni ilave klor talebini bile karşılamak için bir su kaynağında olması gereken asgari klor konsantrasyonunu belirleyen bir yöntem.
Buffering	An aqueous solution consisting of a mixture of a weak acid and its conjugate base, or a weak base and its conjugate acid. The pH of the solution changes very little when a small or moderate amount of strong acid or base is added to it and thus it is used to prevent changes in the pH of a solution. Buffer solutions are used as a means of keeping pH at a nearly constant value in a wide variety of chemical applications.	Tamponlama	Zayıf bir asit ve onun eşlenik bazı veya zayıf bir baz ile onun eşlenik asitinin karışımından oluşan bir sulu çözelti. Az veya orta miktarda bir kuvvetli asit veya baz madde bir çözeltiye eklendiğinde çözeltinin pH'i çok az değişir ve dolayısıyla bu çözeltilerin pH derecesinin değişmesini engellemekte kullanılır. Bir çok değişik kimyasal uygulamalarda tampon çözeltiler pH düzeyini nerdeyse sabit bir seviyede tutmak için kullanılırlar.

English	English	Türkçe	Türkçe
Cairn	A human-made pile (or stack) of stones typically used as trail markers in many parts of the world, in uplands, on moorland, on mountaintops, near waterways and on sea cliffs, as well as in barren deserts and tundra.	Taş Küme	Dünyanın bir çok yerinde, çorak çöllerde ve tundralarda olduğu kadar yüksek yaylalarda, bozkırlarda, dağ tepelerinde, su yollarının yakınında veya denize bakan sarp kayalıklarda genellikle patikaları işaretlemek için kullanılan ve insanlar tarafından inşa edilen taş yığını.
Capillarity	The tendency of a liquid in a capillary tube or absorbent material to rise or fall as a result of surface tension.	Kılcallık	Kılcal bir tüpte veya emilgen bir dokuda sıvıların yüzey gerilimi nedeniyle yükselip alçalma eğilimi.
Carbon Nanotube	See: Nanotube	Karbon Nanotüp	Bakınız: Nanotüp
Carbon Neutral	A condition in which the net amount of carbon dioxide or other carbon compounds emitted into the atmosphere or otherwise used during a process or action is balanced by actions taken, usually simultaneously, to reduce or offset those emissions or uses.	Karbon Nötr	Atmosfere salınan veya herhangi bir işlem ve eylemde kullanılan karbon diyoksit veya diğer karbon bileşimi net miktarının genellikle eşzamanlı olarak yapılan diğer eylemlerle azaltılmak veya tamamen telafi edilmek yoluyla dengelenmesi.

English	English	Türkçe	Türkçe
Catalysis	The change, usually an increase, in the rate of a chemical reaction due to the participation of an additional substance, called a catalyst, which does not take part in the reaction but changes the rate of the reaction.	Kataliz	Kendisi bir reaksiyonun parçası olmamakla birlikte reaksiyonun hızını arttıran "katalizör" isimli katkı maddesinin varlığı nedeniyle bir kimyasal reaksiyonun hızında genellikle artış olarak görülen değişiklik.
Catalyst	A substance that cause Catalysis by changing the rate of a chemical reaction without being consumed during the reaction.	Katalizör	Bir kimyasal reaksiyonun hızını kendisi reaksiyon sırasında tüketilmeden değiştirerek kataliz'e sebep olan madde.
Cation	A positively charged ion.	Katyon	Artı yüklü iyon.
Cavitation	Cavitation is the formation of vapor cavities, or small bubbles, in a liquid as a consequence of forces acting upon the liquid. It usually occurs when a liquid is subjected to rapid changes of pressure, such as on the back side of a pump vane, that cause the formation of cavities where the pressure is relatively low.	Oyuklanma	Bir sıvıyı etkileyen güçler nedeniyle buhar oyuklarının veya küçük kabarcıkların oluşması. Bu genellikle bir sıvının üzerindeki basınç süratle değiştiği zaman olur; örneğin, basıncın göreli olarak düşük olduğu pompa kanadının arka kısmında oyukların oluşması gibi.

English	English	Türkçe	Türkçe
Centrifugal Force	A term in Newtonian mechanics used to refer to an inertial force directed away from the axis of rotation that appears to act on all objects when viewed in a rotating reference frame.	Merkezkaç Güç	Dönme ekseninden uzaklaşan yönde, dönen bir referans sisteminde gözlemlendiğinde bütün cisimleri etkiliyormuş gibi görünen ve Newton mekaniğinde kullanılan eylemsizlik kuvveti terimi.
Centripetal Force	A force that makes a body follow a curved path. Its direction is always at a right angle to the motion of the body and towards the instantaneous center of curvature of the path. Isaac Newton described it as "a force by which bodies are drawn or impelled, or in any way tend, towards a point as to a centre."	Merkezcil Güç	Herhangi bir cismin kavisli bir yol izlemesini sağlayan güç. Yönü her zaman cismin hareket yönüne 90 derece dik ve kavis eğrisinin anlık merkezine doğrudur. Isaac Newton bunu "cisimleri merkezi bir noktaya doğru çeken, iten veya meylettiren bir güç" olarak tarif etmiştir.
Chelants	A chemical compound in the form of a heterocyclic ring, containing a metal ion attached by coordinate bonds to at least two nonmetal ions.	Kelant	Heterosiklik halka şeklinde ve denk bağlarıyla en az iki metaldışı iyona bağlı bir metal iyon içeren bir kimyasal bileşim.
Chelate	A compound containing a ligand (typically organic) bonded to a central metal atom at two or more points.	Kelat	Merkezi bir metal atomuna iki veya daha fazla noktadan bağlanmış bir (genellikle organik) ligand içeren bir bileşim.

English	English	Türkçe	Türkçe
Chelating Agents	Chelating agents are chemicals or chemical compounds that react with heavy metals, rearranging their chemical composition and improving their likelihood of bonding with other metals, nutrients, or substances. When this happens, the metal that remains is known as a "chelate."	Kelatlama Etkenleri	Kelatlama Etkenleri, ağır metallerle reaksiyona girerek onların kimyasal terkiplerini değiştiren ve diğer metal, besleyici veya maddelere bağlanma olasılığını arttıran kimyasal maddeler veya kimyasal bileşimlerdir. Bu gerçekleştiği zaman, geride kalan metale "kelat" denir.
Chelation	A type of bonding of ions and molecules to metal ions that involves the formation or presence of two or more separate coordinate bonds between a polydentate (multiple bonded) ligand and a single central atom or molecule (which is usually an organic molecule or compound).	Kelatlama	İyon ve moleküllerin metal iyonlarına bir çeşit bağlanma şekli. Çok dişli (çok bağlı) bir ligant ile merkezdeki tek bir atom veya molekül arasında iki veya daha fazla denklik bağının oluşmasını veya var olmasını gerektirir; genellikle organik bir bileşimdir.
Chelators	A binding agent that suppresses chemical activity by forming chelates.	Kenetlem	Kelatlar oluşturarak kimyasal reaksiyonları bastıran bağlayıcı madde.
Chemical Oxidation	The loss of electrons by a molecule, atom or ion during a chemical reaction.	Kimyasal Oksitlenme	Bir kimyasal reaksiyon sırasında bir molekül, atom veya iyonun elektronlar kaybetmesi.

English	English	Türkçe	Türkçe
Chemical Reduction	The gain of electrons by a molecule, atom or ion during a chemical reaction.	Kimyasal İndirgeme	Bir kimyasal reaksiyon sırasında bir molekül, atom veya iyonun elektronlar kazanması.
Chlorination	The act of adding chlorine to water or other substances, typically for purposes of disinfection.	Klorlama	Genellikle dezenfeksiyon (mikroplardan arındırma) amacıyla su veya benzer maddelere klor ekleme işlemi.
Choked Flow	Choked flow is that flow at which the flow cannot be increased by a change in Pressure from before a valve or restriction, to after it. Flow below the restriction is called Subcritical Flow; above the restriction is called Critical Flow.	Boğulmuş Akış	Bir sıvı akışının bir vanadan önce basıncı değiştirerek veya vanadan sonra sınırlayarak artırılamaması hali. Sınırlamadan önceki akışa "Kritik Alt Akım" sınırlamadan sonraki akışa da "Kritik Akım" denir.
Chrysalis	The chrysalis is a hard casing surrounding the pupa as insects such as butterflies develop.	Krizalit	Kelebek gibi böcekler gelişirken pupalarını çevreleyen ve sert bir zardan oluşan kılıf.
Cirque	An amphitheater-like valley formed on the side of a mountain by glacial erosion.	Buzyalağı	Bir dağın yamacında buzul aşınmasıyla oluşan amfitiyatro şeklinde vadi.
Cirrus Cloud	Cirrus clouds are thin, wispy clouds that usually form above 18,000 feet (5,486 m).	Saçakbulut	Genellikle 18000 fit (5486 metre)'nin üzerinde oluşan ince ve tutam-tutam bir bulut şekli.

English	English	Türkçe	Türkçe
Coagulation	The coming together of dissolved solids into fine suspended particles during water or wastewater treatment.	Pıhtılaşma	Su veya atıksuyun arıtılması sırasında çözünmüş katıların ince ve askıda duran tanecikler halinde biraraya gelmesi.
COD	Chemical Oxygen Demand; a measure of the strength of chemical contaminants in water.	Kimyasal Oksijen Talebi	Sudaki kimyasal kirleticilerin gücünün bir ölçüsü.
Coliform	A type of Indicator Organism used to determine the presence or absence of pathogenic organisms in water.	Koliform	Suda hastalığa neden olan (patojenik) organizmaların var veya yok olduklarını belirlemekte kullanılan bir Gösterge Organizma türü.
Concentration	The mass per unit of volume of one chemical, mineral or compound in another.	Yoğunluk	Bir kimyasal madde, mineral veya bileşimin bir diğer kimyasal madde, mineral veya bileşimin içindeki hacim birim başına ölçülen kütlesi.
Conjugate Acid	A species formed by the reception of a proton by a base; in essence, a base with a hydrogen ion added to it.	Eşlenik Asit	Bir protonun bir baz tarafından kabul edilmesiyle ortaya çıkan bir tür; esas itibariyle, bir hidrojen iyonu eklenmiş bir baz.
Conjugate Base	A species formed by the removal of a proton from an acid; in essence, an acid minus a hydrogen ion.	Eşlenik Baz	Bir protonun bir asitden çıkarılmasıyla elde edilen bir tür; esas itibariyle, içinden hidrojen iyonu çıkarılmış bir asit.

English	English	Türkçe	Türkçe
Contaminant	A noun meaning a substance mixed with or incorporated into an otherwise pure substance; the term usually implies a negative impact from the contaminant on the quality or characteristics of the pure substance.	Kirletici	Arı bir maddeyle karıştırılmış veya saf bir maddeye dahil edilmiş bir madde. Bu terim genellikle bir kirleticinin arı bir maddenin kalitesi veya nitelikleri üzerindeki olumsuz etkisini kastetmek için kullanılır.
Contaminant Level	A misnomer incorrectly used to indicate the concentration of a contaminant.	Kirletici Seviyesi	Bir kirleticinin yoğunluğuna işaret eden ama yanlış adlandırılıp kullanılan bir terim.
Contaminate	A verb meaning to add a chemical or compound to an otherwise pure substance.	Kirletmek	Arı bir maddeye kimyasal bir madde veya bileşim ekleme işlemi.
Continuity Equation	A mathematical expression of the Conservation of Mass theory; used in physics, hydraulics, etc., to calculate changes in state that conserve the overall mass of the system being studied.	Süreklilik Denklemi	Maddenin Korunumu kuramının matematiksel ifadesi; fizik, hidrolik, vs.'de incelenen sistemin genel kütlesinin korunumu halindeki değişiklikleri hesaplamak için kullanılır.
Coordinate Bond	A covalent chemical bond between two atoms that is produced when one atom shares a pair of electrons with another atom lacking such a pair. Also called a coordinate covalent bond.	Denk Bağı	Bir atom çifte elektronu olmayan başka bir atomla çifte elektron paylaştığı zaman bu iki atom arasında oluşan eşdeğerli bir kimyasal bağ. Aynı zamanda "ortaklaşık bağ" olarak da bilinir.

English	English	Türkçe	Türkçe
Cost-Effective	Producing good results for the amount of money spent; economical and efficient.	Uygun Maliyetli	Harcanan para sonucunda iyi sonuçlar elde etmek; ekonomik ve verimli.
Critical Flow	Critical flow is the special case where the Froude number (unitless) is equal to 1; or the velocity divided by the square root of (gravitational constant multiplied by the depth) =1 (Compare to Supercritical Flow and Subcritical Flow).	Kritik Akım	(Birimsiz olan) Froude sayısının 1'e eşit olduğu özel durum; veya hızın (yerçekimi değişmezinin derinlik ile çarpımı) nın kareköküne bölünmesi = 1 (En Kritik Seviyede Akış ve Kritik Altı Akım ile karşılaştırınız).
Cumulon-imbus Cloud	A dense, towering, vertical cloud associated with thunderstorms and atmospheric instability, formed from water vapor carried by powerful upward air currents.	Kümülon-imbüs Bulut	Yükselen hava akımı tarafından taşınan su buharından oluşan atmosferik dengesizlik ve yıldırımlı fırtına ile ilişkili yoğun, kule gibi dikey bulut.
Cwm	A small valley or cirque on a mountain.	Kuum	Bir dağdaki küçük bir vadi veya buzyalağı.
Dark Fermentation	The process of converting an organic substrate to biohydrogen through fermentation in the absence of light.	Koyu Mayalama	Organik mayalanabilen bir maddeyi ışıksız bir ortamda mayalanma ile biyohidrojene dönüştürme süreci/ işlemi.

English	English	Türkçe	Türkçe
Deammonifi-cation	A two-step biological ammonia removal process involving two different biomass populations, in which aerobic ammonia oxidizing bacteria (AOB) nitrify ammonia to a nitrite form and then to nitrogen gas.	Ters Amonya-klama	Aerobik amonyak oksitleyen bakteriler (AOB)'in amonyakı azotlayarak önce nitrite ve sonra da nitrojen gazına dönüştürdüğü ve iki değişik biyokütle nüfusunu kapsayan iki-aşamalı biyolojik amonyak temizleme süreci.
Desalination	The removal of salts from a brine to create a potable water.	Tuzdan Arındırma	İçilebilir su elde etmek için salamura suyundan tuzun temizlenmesi.
Dioxane	A heterocyclic organic compound; a colorless liquid with a faint sweet odor.	Diyoksan	Bir heterosiklik (değişik halkalı) bileşim; çok hafif tatlı kokan renksiz bir sıvı.
Dioxin	Dioxins and dioxin-like compounds (DLCs) are by-products of various industrial processes, and are commonly regarded as highly toxic compounds that are environmental pollutants and persistent organic pollutants (POPs).	Diyoksin	Diyoksinler ve diyoksin-gibi bileşimler (DGB) çeşitli sanayi süreçlerinin birer yan ürünü olup çevresel kirleticiler ve kalıcı organik kirleticilerdir (KOK) ve ekseriya çok zehirli bileşimler olarak değerlendirilirler.
Diurnal	Recurring every day, such as diurnal tasks, or having a daily cycle, such as diurnal tides.	Günlük	Her gün tekrar eden, örneğin günlük görevler gibi; günlük bir döngüsü/çevrimi olan, örneğin günlük gelgit'ler gibi.

English	English	Türkçe	Türkçe
Drumlin	A geologic formation resulting from glacial activity in which a well-mixed gravel formation of multiple grain sizes that forms an elongated or ovular, teardrop shaped, hill as the glacier melts; the blunt end of the hill points in the direction the glacier originally moved over the landscape.	Dar Tepe	Buzul hareketlerinden meydana gelen jeolojik bir oluşum. Bu oluşumda iyi-karıştırılmış ve çeşitli büyüklükteki taşlardan meydana gelen bir çakıl formasyonu buzul eridikçe ortaya uzatılmış, yumurta veya gözyaşı damlası biçiminde bir tepe çıkarır. Tepenin küt tarafı buzulun arazi üzerinden akıp geldiği yönü işaret eder.
Ebb and Flow	To decrease then increase in a cyclic pattern, such as tides.	Alçalıp Yükselmek	Döngüsel bir şekilde önce azalıp sonra çoğalmak, örneğin gelgitlerde olduğu gibi.
Ecology	The scientific analysis and study of interactions among organisms and their environment.	Çevrebilim	Organizmalarla çevreleri arasındaki etkileşimlerin bilimsel olarak incelenmesi ve irdelenmesi.
Economics	The branch of knowledge concerned with the production, consumption, and transfer of wealth.	Ekonomi Bilimi	Üretim, tüketim ve varlık aktarımını inceleyen bilgi dalı.
Efficiency Curve	Data plotted on a graph or chart to indicate a third dimension on a two-dimensional graph.	Verimlilik Eğrisi	İki boyutlu bir çizimde üçüncü boyutu belirtmek için bir grafik veya şemanın üzerine çizilen veri noktaları.

English	English	Türkçe	Türkçe
	The lines indicate the efficiency with which a mechanical system will operate as a function of two dependent parameters plotted on the x and y axes of the graph. Commonly used to indicate the efficiency of pumps or motors under various operating conditions.		Çizilen eğriler, grafiği X ve Y eksenlerine çizilmiş iki bağımlı parametrenin bir işlevi olarak çalışacak mekanik bir sistemin verimliliğini belirtir. Çoğunlukla pompa veya motorların muhtelif çalıştırma koşullarındaki verimliliğini ifade etmek için kullanılır.
Effusion	The emission or giving off of something such as a liquid, light, or smell, usually associated with a leak or a small discharge relative to a large volume.	Sızınım	Genelikle bir sızıntı veya büyük bir hacme kıyasla küçük bir boşalmayla ilintili bir sıvı, ışık, veya koku yayımı (emisyonu).
El Niña	The cool phase of El Niño Southern Oscillation associated with sea surface temperatures in the eastern Pacific below average and air pressures high in the eastern and low in western Pacific.	El Ninya	El Ninyo Güney Salınımı'nın serin evresi. Doğu Pasifikte deniz yüzeyi ısısının ortalama sıcaklığın altına düşmesi, Doğu Pasifikte hava basıncının yükselmesi ve Batı Pasifikte düşmesinden kaynaklanır.

English	English	Türkçe	Türkçe
El Niño	The warm phase of the El Niño Southern Oscillation, associated with a band of warm ocean water that develops in the central and east-central equatorial Pacific, including off the Pacific coast of South America. El Niño is accompanied by high air pressure in the western Pacific and low air pressure in the eastern Pacific.	El Ninyo	El Ninyo Güney Salınımı'nın sıcak evresi. Güney Amerika'nın Pasifik kıyısı açıklarını da kapsamak üzere Merkezi ve Doğu-Merkez Ekvatoral Pasifik bölgesinde oluşan bir sıcak okyanus suyu bantından kaynaklanır. El Ninyo'ya, Batı Pasifikte yüksek hava basıncı ve Doğu Pasifikte de düşük hava basıncı eşlik eder.
El Niño Southern Oscillation	The El Niño Southern Oscillation refers to the cycle of warm and cold temperatures, as measured by sea surface temperature, of the tropical central and eastern Pacific Ocean.	El Ninyo Güney Salınımı	El Ninyo Güney Salınımı, tropik Merkezi ve Doğu Pasifik Okyanusu'nun deniz yüzeyi sıcaklığı olarak ölçülen "sıcaklık ve soğukluk döngüsü"ne işaret etmektedir.
Endothermic Reactions	A process or reaction in which a system absorbs energy from its surroundings; usually, but not always, in the form of heat.	Isıalan Tepkimeler	Bir sistemin çevresinden enerji emdiği süreç veya reaksiyon; bu enerji (her zaman olmasa da) genellikle ısı formunda olur.
ENSO	El Niño Southern Oscillation	ENGS	El Ninyo Güney Salınımı
Enthalpy	A measure of the energy in a thermo-dynamic system.	Isı İçeriği	Termodinamik bir systemin sahip olduğu enerjinin bir ölçüsü.

English	English	Türkçe	Türkçe
Entomology	The branch of zoology that deals with the study of insects.	Böcekbilim	Hayvanbilimin böcekleri inceleyen dalı.
Entropy	A thermodynamic quantity representing the unavailability of the thermal energy in a system for conversion into mechanical work, often interpreted as the degree of disorder or randomness in the system. According to the second law of thermodynamics, the entropy of an isolated system never decreases.	Entropi (Dağıntı)	Bir sistemde mekanik işe dönüştürmek için kullanılamayacak olan termik enerjiyi temsil eden termodinamik nicelik. Entropi genellikle bir sistemdeki rastlantısallık veya düzensizlik derecesi olarak değerlendirilir. Termodinamiğin ikinci kanununa göre, yalıtılmış bir systemin entropisi hiç bir zaman azalmaz.
Eon	A very long time period, typically measured in millions of years.	Ebediyet	Genellikle milyonlarca yılla ölçülen çok uzun bir zaman birimi.
Epiphyte	A plant that grows above the ground, supported non-parasitically by another plant or object and deriving its nutrients and water from rain, air, and dust; an "Air Plant."	Asalak Olmayan Konuk Bitki	Başka bir bitki veya cisim tarafından asalak olmayan bir şekilde desteklenen, toprak üzerinde büyüyen, besin ve suyunu yağmur, hava, ve tozdan alan bir bitki; bir "Hava Bitkisi."
Esker	A long, narrow ridge of sand and gravel, sometimes with boulders, formed by a stream of water melting from beneath or within a stagnant, melting, glacier.	Buzultaş	Durgun, eriyen bir buzulun altından veya içinden eriyip akan bir su akıntısının meydana getirdiği, kum ve çakıldan oluşan ve bazan iri kayaları da içeren dağ sırtı.

English	English	Türkçe	Türkçe
Ester	A type of organic compound, typically quite fragrant, formed from the reaction of an acid and an alcohol.	Ester	Genellikle çok hoş kokulu, asit ve alkolün tepkimesinden oluşan bir çeşit organik bileşim.
Estuary	A water passage where a tidal flow meets a river flow.	Nehir Ağzı	Gelgit akımının bir nehrin ağzındaki sulara karıştığı yer.
Eutrophi-cation	An ecosystem response to the addition of artificial or natural nutrients, mainly nitrates and phosphates to an aquatic system; such as the "bloom" or great increase of phytoplankton in a water body as a response to increased levels of nutrients. The term usually implies an aging of the ecosystem and the transition from open water in a pond or lake to a wetland, then to a marshy Swamp, then to a Fen, and ultimately to upland areas of forested land.	Ötrofikasyon	Bir sucul (akuatik) sistemin, başta nitratlar ve fosfatlar olmak üzere, yapay veya doğal besleyici madde ilave edilmesine gösterdiği tepki; örneğin "çiçeklenmek," yani artan besleyici seviyesine bir tepki olarak sudaki bitki-plankton seviyesinin büyük ölçüde artması. Bu terim genellikle bir ekosistemin yaşlanmasına ve bir havuz veya göldeki açık sudan önce sulak alana, sonra sazlık bataklığa, daha sonra düz bataklık araziye, ve giderek ormanlık bir yaylaya dönüşmesine işaret eder.
Exosphere	A thin, atmosphere-like volume surrounding Earth where molecules are gravitationally bound to the planet, but where the density is too low for them to behave as a gas by colliding with each other.	Eksosfer	Yerküreyi kuşatan ince, atmosfere-benzer, içindeki moleküllerin gezegene yerçekimiyle bağlı olduğu ancak yoğunluklarının çok düşük olması nedeniyle birbirleriyle çarpışarak sanki bir gaz gibi davranamadıkları hacim.

English	English	Türkçe	Türkçe
Exothermic Reactions	Chemical reactions that release energy by light or heat.	Isıveren Tepkimeler	Işık veya sıcaklık cinsinden enerji salan kimyasal tepkimeler.
Facultative Organism	An organism that can propagate under either aerobic or anaerobic conditions; usually one or the other conditions is favored: as Facultative Aerobe or Facultative Anaerobe.	İstemli Organizma	Hem aerobik (havacıl) hem de anaerobik (havasız) koşullarda çoğalabilen organizma; üreme için genellikle ya "Fakültatif Aerob" ya da "Fakültatif Anaerob" koşullarından biri tercih edilir.
Fen	A low-lying land area that is wholly or partly covered with water and usually exhibits peaty alkaline soils. A fen is located on a slope, flat, or depression and gets its water from both rainfall and surface water.	Düz Bataklık Arazi	Deniz seviyesinin altında, kısmen veya tamamen suyla kaplı, ve genellikle turbalı alkali toprakdan oluşan arazi. Düz Bataklık Arazi eğimli, düz, veya çökmüş bir konumda olabilir ve suyunu hem yağmurlardan hem de yüzey suyundan alır.
Fermentation	A biological process that decomposes a substance by bacteria, yeasts, or other microorganisms, often accompanied by heat and off-gassing.	Mayalanma	Bir maddeyi bakteri, mayalar, veya diğer mikroorganizmalar aracılığıyla ayrıştıran ve çoğu zaman ısı ve çıkış-gazı üreten biyolojik bir süreç.
Fermentation Pits	A small, cone shaped pit sometimes placed in the bottom of wastewater treatment ponds to capture the settling solids for anaerobic digestion in a more confined, and therefore more efficient way.	Mayalanma Çekirdeği	Çökelen katıları yakalayarak daha dar bir alanda ve dolayısıyla daha verimli bir şekilde oksijensiz (anaerobik) olarak sindirmek için atıksu arıtma havuzlarının dibine bazan yerleştirilen küçük, koni şeklinde bir çekirdek.

English	English	Türkçe	Türkçe
Flaring	The burning of flammable gasses released from manufacturing facilities and landfills to prevent pollution of the atmosphere from the released gases.	Tutuşturma	Atmosferin kirlenmesini önlemek için imalat tesislerinden ve çöp depolarından salınan tutuşucu gazların yakılması.
Flocculation	The aggregation of fine suspended particles in water or wastewater into particles large enough to settle out during a sedimentation process.	Topaklanma	Su veya atıksuyunda askıda duran ince taneciklerin bir çökelme sürecinde dibe çökecek kadar büyük taneler halinde bir araya gelmesi.
Fluvioglacial Landforms	Landforms molded by glacial meltwater, such as drumlins and Eskers.	Buzul-Kökenli Zemin	Eriyen buzul sularının oluşturduğu drumlin (dar tepe) veya moren (buzultaş) gibi arazi şekilleri.
FOG (Wastewater Treatment)	Fats, Oil, and Grease	İYM (Atıksu Arıtımı)	İçyağı, Yağ/Petrol, Makina Yağı
Fossorial	Relating to an animal that is adapted to digging and life underground such as the badger, the naked mole-rat, the mole salamanders and similar creatures.	Kazıcı	Porsuk, tüysüz köstebek faresi, köstebek salamander ve benzeri yaratıklar gibi yer altında kazıyarak yaşayan hayvanlara ilişkin.
Fracking	Hydraulic fracturing is a well-stimulation technique in which rock is fractured by a pressurized liquid.	Hidrolik Kırma	Kayaların basınçlı sıvı ile kırıldığı bir kuyu-uyarma (stimülasyon) tekniği.

English	English	Türkçe	Türkçe
Froude Number	A unitless number defined as the ratio of a characteristic velocity to a gravitational wave velocity. It may also be defined as the ratio of the inertia of a body to gravitational forces. In fluid mechanics, the Froude number is used to determine the resistance of a partially submerged object moving through a fluid.	Froude Sayısı	Karakteristik hızın yerçekimi dalgası hızına oranı olarak tanımlanan birimsiz rakam. Aynı zamanda bir kütlenin ataletinin yerçekimi kuvvetlerine oranı olarak da tanımlanabilir. Sıvı mekaniğinde Froude Sayısı bir sıvıya yarı batmış bir cismin sıvının içinde hareket ederkenki direcini belirlemek için kullanılır.
GC	Gas Chromatograph—an instrument used to measure volatile and semi-volatile organic compounds in gases.	GK	Gaz Kromatograf—Gazlardaki uçucu ve yarı-uçucu organik bileşikleri ölçmek için kullanılan bir alet.
GC-MS	A GC coupled with an MS.	GK-KS	GK (Gaz Kromatografı) ile birleştirilmiş KS (Kütle Spektrometresi)
Geology	An earth science comprising the study of solid Earth, the rocks of which it is composed, and the processes by which they change.	Yerbilim (Jeoloji)	Dünyadaki katı kütleleri, dünyayı oluşturan kayaları, ve bu kayaların hangi süreçlerle değiştiğini inceleyen bir yerküre bilimi.
Germ	In biology, a microorganism, especially one that causes disease. In agriculture, the term relates to the seed of specific plants.	Mikrop	Biyolojide, bir mikroorganizma, özellikle hastalık yaratan mikro-organizma. Tarımda bu terim (İngilizcede "germ" diye yazılır ve Türkçede "cörm" diye okunur) belirli bitkilerin tohumları için kullanılır.

English	English	Türkçe	Türkçe
Gerotor	A positive displacement pump.	Gelgit Pompa	Pozitif deplasmanlı pompa
Glacial Outwash	Material carried away from a glacier by meltwater and deposited beyond the moraine.	Buzul Artığı	Bir buzuldan erime suyu tarafından taşınarak morenin ötesine bırakılan madde.
Glacier	A slowly moving mass or river of ice formed by the accumulation and compaction of snow on mountains or near the poles.	Buzul	Dağlarda veya kutuplara yakın bölgelerde karın birikmesi ve sıkıştırılması ile oluşan ve çok yavaş hareket eden bir buz-nehir kütlesi.
Gneiss	Gneiss ("nice") is a metamorphic rock with large mineral grains arranged in wide bands. It means a type of rock texture, not a particular mineral composition.	Gnays	Granitsi yapı taşı. İri mineral taneciklerin içinde geniş katmanlar halinde düzenlendiği metamorfik kaya. Bu belirli bir mineral kompozisyonuna değil de bir çeşit kaya dokusuna işaret eder.
GPR	Ground Penetrating Radar	YR	Yer Radarı.
GPS	The Global Positioning System; a space-based navigation system that provides location and time information in all weather conditions, anywhere on or near the Earth where there is a simultaneous unobstructed line of sight to four or more GPS satellites.	KKBS	Küresel Konum Belirleme Sistemi. Dünyanın üzerinde veya yakınında herhangi bir yerden dört veya daha fazla sayıda KKBS uydusunu engelsiz bir görüş hattından görmek şartıyla her türlü hava koşullarında konum ve zaman bilgisi veren uzayda konuşlandırılmış bir seyrüsefer sistemi.

English	English	Türkçe	Türkçe
Greenhouse Gas	A gas in an atmosphere that absorbs and emits radiation within the thermal infrared range; usually associated with destruction of the ozone layer in the upper atmosphere of the earth and the trapping of heat energy in the atmosphere leading to global warming.	Sera Gazı	Termal kızılötesi spektrumda radyasyon emip yayınlayan bir atmosferdeki gaz. Genellikle atmosferin üst tabakalarındaki ozon tabakasının tahribatıyla ve ısı enerjisinin küresel ısınmaya yol açar bir şekilde atmosferde yakalanmasıyla ilintilidir.
Grey Water	Greywater is water from bathroom sinks, showers, tubs, and washing machines. It is water that has not come into contact with feces, either from the toilet or from washing diapers.	Gri Su	Banyo lavabolarında, duş kabinlerinde, küvetlerde, ve çamaşır makinalarında kullanılan su. Bu gerek tuvaletlerde ve gerekse bebek bezlerinin yıkanması sırasında insan dışkısıyla temas eden su değildir.
Groundwater	Groundwater is the water present beneath the Earth surface in soil pore spaces and in the fractures of rock formations.	Yeraltı Suyu	Dünya yüzeyinin altındaki toprak boşluklarında ve kaya oluşumlarının çatlaklarındaki su.
Groundwater Table	The depth at which soil pore spaces or fractures and voids in rock become completely saturated with water.	Yeraltı Su Tablası	Toprak gözeneklerindeki boşluk veya çatlakların ve kayalardaki boşlukların tamamen suyla dolduğu derinlik.
HAWT	Horizontal Axis Wind Turbine	YERT	Yatay Eksenli Rüzgar Türbini

English	English	Türkçe	Türkçe
Hazardous Waste	Hazardous waste is waste that poses substantial or potential threats to public health or the environment.	Zararlı Atık	Halk sağlığı veya çevre açısından ciddi veya olası bir tehdit oluşturan atık.
Hazen -Williams Coefficient	An empirical relationship which relates the flow of water in a pipe with the physical properties of the pipe and the pressure drop caused by friction.	Hazen-Williams Katsayısı	Suyun bir borudan akışı ile borunun fiziksel özellikleri ve sürtünmeden kaynaklanan basınç azalması arasındaki deneysel (ampirik) ilişkiyi ifade eden katsayı.
Head (Hydraulic)	The force exerted by a column of liquid expressed by the height of the liquid above the point at which the pressure is measured.	Baş Basıncı (Hidrolik)	Basıncın ölçüldüğü noktanın üzerindeki sıvı sütununun yüksekliği ile ifade edilen, bir sıvı sütununun yarattığı basınç gücü.
Heat Island	See: Urban Heat Island	Isı Adası	Bakınız: Şehirsel Isı Adası
Heterocyclic Organic Compound	A heterocyclic compound is a material with a circular atomic structure that has atoms of at least two different elements in its rings.	Heterosiklik Organik Bileşim	Halkasal atomik yapılı ve halkalarında en az iki değişik elementin atomları bulunan bir madde.
Heterocyclic Ring	A ring of atoms of more than one kind; most commonly, a ring of carbon atoms containing at least one non-carbon atom.	Heterosiklik Halka	Birden fazla çeşit atomların oluşturduğu halka; içinde en az bir tane karbon-olmayan atom olan karbon atomları halkası.
Heterotrophic Organism	Organisms that utilize organic compounds for nourishment.	Heterotrof (Dışbeslek) Organizma	Beslenmek için organik bileşimler yiyen organizmalar.

English	English	Türkçe	Türkçe
Holometa-bolous Insects	Insects that undergo a complete metamorphosis, going through four life stages: embryo, larva, pupa and imago.	Tümbaş-kalaşan Böcekler	Tamamen şekil değiştirerek (metamorfoz) dört yaşam aşamasından geçen böcekler: embriyo, larva, pupa, ve imago (ergin böcek).
Horizontal Axis Wind Turbine	Horizontal axis means the rotating axis of the wind turbine is horizontal, or parallel with the ground. This is the most common type of wind turbine used in wind farms.	Yatay Eksenli Rüzgar Türbini	"Yatay eksen" demek rüzgar türbininin dönme ekseni yatay veya yere paralel demektir. Bu rüzgar çiftliklerinde en fazla kullanılan rüzgar türbini çeşididir.
Hydraulic Conductivity	Hydraulic conductivity is a property of soils and rocks, which describes the ease with which a fluid (usually water) can move through pore spaces or fractures. It depends on the intrinsic permeability of the material, the degree of saturation, and on the density and viscosity of the fluid.	Hidrolik İletkenlik	Hidrolik İletkenlik toprak ve kayaların bir özelliğidir; bir sıvının (genellikle su) gözenek boşlukları ve çatlaklardan ne kadar rahat geçebildiğinin bir ölçüsüdür. Bu iletkenlik, söz konusu toprak veya kayaların içsel geçirgenliği, doyum (saturasyon) derecesi ile sıvının yoğunluk ve akışmazlığına göre değişir.
Hydraulic Fracturing	See: Fracking	Hidrolik Parçalama	Bakınız: Hidrolik Kırma

English	English	Türkçe	Türkçe
Hydraulic Loading	The volume of liquid that is discharged to the surface of a filter, soil, or other material per unit of area per unit of time, such as gallons/square foot/ minute.	Hidrolik Dolum	Galon/ayak (foot) kare/dakika (yani, bir dakikada ayak kare başına düşen gallon miktarı) gibi, bir birim zamanda, filitre, toprak veya başka bir maddenin bir birim alanına salınan sıvı miktarının ölçüsüdür.
Hydraulics	Hydraulics is a topic in applied science and engineering dealing with the mechanical properties of liquids or fluids.	Hidrolik (Sıvıbilim)	Sıvı veya akışkanların mekanik özelliklerini inceleyen uygulamalı bilim ve mühendislik konusu.
Hydric Soil	Hydric soil is soil which is permanently or seasonally saturated by water, resulting in anaerobic conditions. It is used to indicate the boundary of wetlands.	Hidrojenli (Hidrik) Toprak	Sürekli veya mevsimsel olarak suya doymuş ve dolayısıyla anaerobik (havasız) bir durumda olan toprak. Sulak bataklık arazisinin sınırlarını belirlemek için kullanılır.
Hydroelectric	An adjective describing a system or device powered by hydroelectric power.	Hidroelektrik (sıfat)	Hidroelektrik güçle çalışan sistem veya makinaları tarif eden bir sıfat.
Hydro-electricity	Hydroelectricity is electricity generated through the use of the gravitational force of falling or flowing water.	Hidroelektrik (isim)	Düşen veya akan suyun yerçekimsel gücünü kullanarak elde edilen elektriğe "hidroelektrik" denir.

English	English	Türkçe	Türkçe
Hydro-fracturing	See: Fracking	Hidrokırılma	Bakınız: Hidrolik Kırma
Hydrologic Cycle	The hydrological cycle describes the continuous movement of water on, above and below the surface of the Earth.	Su Çevrimi (Hidrolojik Döngü)	Yerkabuğunun yukarısında, üstünde ve altındaki sürekli su hareketlerini tarif eden su çevrimi.
Hydrologist	A practitioner of hydrology.	Hidrolog (Subilimci)	Subilimiyle uğraşan biliminsanı.
Hydrology	Hydrology is the scientific study of the movement, distribution, and quality of water.	Hidroloji (Subilimi)	Suların miktarını, dağılımını, ve hareketlerini inceleyen bilimsel araştırma dalı.
Hypertrophi-cation	See: Eutrophication	Hipertropizm	Bakınız: Ötrofikasyon
Imago	The final and fully developed adult stage of an insect, typically winged.	Ergin Böcek	Bir böceğin son ve tam gelişkin ve genellikle kanatlı erginlik aşaması.
Indicator Organism	An easily measured organism that is usually present when other pathogenic organisms are present and absent when the pathogenic organisms are absent.	İndikatör (Göstergeç) Organizma	Hastalığa yol açan (patojenik) diğer organizmalar var olduğunda genellikle var olan, hastalığa yol açan (patojenik) diğer organizmalar yok olduğunda da yok olan, ve kolaylıkla ölçülebilen bir organizma türü.

English	English	Türkçe	Türkçe
Inertial Force	A force as perceived by an observer in an accelerating or rotating frame of reference, that serves to confirm the validity of Newton's Second Laws of motion, e.g. the perception of being forced backward in an accelerating vehicle.	Eylemsizlik Kuvveti	İvmelenen veya dönen bir referans çerçevesindeki bir gözlemci tarafından algılanan güç. Bu Newton'un ikinci hareket kanununu doğrulamakta kullanılan bir kavramdır. Buna bir örnek, ivmeyle hızlanan bir arabada geriye doğru itilme algısıdır.
Infect vs. Infest	To *"Infect"* means to contaminate with disease-producing organisms, such as germs or viruses. To *"Infest"* means for something unwanted to be present in large numbers, such as mice infesting a house or rats infesting a neighborhood.	"Bulaştırmak" a karşı "İstila Etmek"	"Bulaştırmak," mikroplar veya virüsler gibi hastalık-yaratan organizmalarla kirletmek demektir. "İstila etmek" ise, örneğin sıçanların bir evi veya farelerin bir mahalleyi kaplamaları gibi, istenmeyen bir şeyin çok fazla sayıda var olmasını ifade eder.
Internal Rate of Return	A method of calculating rate of return that does not incorporate external factors; the interest rate resulting from a transaction is calculated from the terms of the transaction, rather than the results of the transaction being calculated from a specified interest rate.	İç Karlılık Oranı	Dış etmenleri hesaba katmayan bir getiri oranı hesaplama yöntemi; bir alışverişte ortaya çıkan faiz oranı, alışverişin sonuçlarının belli bir faiz oranına göre hesaplanması yerine, alışverişin terimlerinden hesaplanır.

English	English	Türkçe	Türkçe
Interstitial Water	Water trapped in the pore spaces between soil or biosolid particles.	Aradoku Suyu	Toprak veya biyokatı taneciklerinin aralarındaki gözeneklere hapsolan su.
Invertebrates	Animals that neither possess nor develop a vertebral column, including insects; crabs, lobsters and their kin; snails, clams, octopuses and their kin; starfish, sea-urchins and their kin; and worms, among others.	Omurgasızlar	Böcekler dahil, ne omurgası olan ne de bir omurga geliştiren hayvanlar; yengeçler, istakozlar ve akrabaları; salyangozlar, midyeler, ahtapotlar ve akrabaları; deniz yıldızları, deniz kestaneleri ve akrabaları; solucanlar ve diğerleri.
Ion	An atom or a molecule in which the total number of electrons is not equal to the total number of protons, giving the atom or molecule a net positive or negative electrical charge.	İyon	Toplam elektron sayıları toplam proton sayılarına eşit olmayan bir atom veya molekül; bu (yani, toplam elektron sayılarının toplam proton sayılarına eşit olmaması) söz konusu atom veya molekülde net pozitif veya negatif elektrik yükü meydana getirir.
Jet Stream	Fast flowing, narrow air currents found in the upper atmosphere or troposphere. The main jet streams in the United States are located near the altitude of the tropopause and flow generally west to east.	Jet Akımı	Atmosferin yukarı tabakalarında veya troposferde hızlı hareket eden dar hava akımları. Amerika Birleşik Devletleri'nde ana hava jet akımları tropopoz yüksekliğine yakın bir yerde cereyan ederler ve genellikle batıdan doğuya akarlar.

English	English	Türkçe	Türkçe
Kettle Hole	A shallow, sediment-filled body of water formed by retreating glaciers or draining floodwaters. Kettles are fluvioglacial landforms occurring as the result of blocks of ice calving from the front of a receding glacier and becoming partially to wholly buried by glacial outwash.	Buzul Çekilim Gölcüğü	Çekilen buzullar veya süzülüp çekilen sel sularının yarattığı, derin olmayan ve içi çökelti dolu su birikintisi. Bu akarsu-buzul birikintilerinden oluşan çukurlar ("kettle"), çekilen bir buzulun ön yüzünden parçalanarak (ayrılarak) doğan ve buzul artığı tarafından kısmen veya tamamen gömülen buz blokları tarafından oluşturulur.
Laminar Flow	In fluid dynamics, laminar flow occurs when a fluid flows in parallel layers, with no disruption between the layers. At low velocities, the fluid tends to flow without lateral mixing. There are no cross-currents perpendicular to the direction of flow, nor eddies or swirls of fluids.	Katmanlı Akış	Akışkanlar dinamiğinde, bir sıvının birbirlerini etkilemeyen parallel katmanlar halinde akması. Düşük hızlarda, sıvı yanal karışım olmadan akma eğilimindedir. Ne akış yönüne dik ters-akıntılar ne de girdap veya sarmallar görülmez.
Lens Trap	A defined space within a layer of rock in which a fluid, typically oil, can accumulate.	Kaya Mercek Cebi	Bir kaya tabakasının içinde belirli/kapalı ve genellikle petrol gibi bir sıvının birikebileceği boşluk.
Lidar	Lidar (also written LIDAR, LiDAR or LADAR) is a remote sensing technology that measures distance by illuminating a target with a laser and analyzing the reflected light.	Işıklı Radar	Işıklı Radar (İngilizcede IDAR, LiDAR veya LADAR diye de yazılır) bir uzaktan algılama teknolojisidir. Mesafeleri bir cismi lazerle aydınlatarak ve sonra dönüp gelen ışını çözümleyerek ölçer.

English	English	Türkçe	Türkçe
Life-Cycle Costs	A method for assessing the total cost of facility or artifact ownership. It takes into account all costs of acquiring, owning, and disposing of a building, building system, or other artifact. This method is especially useful when project alternatives that fulfill the same performance requirements, but have different initial and operating costs, are to be compared to maximize net savings.	Yaşam-Çevrimi Masrafları	Bir tesis veya nesnenin toplam maliyetini hesaplamak için kullanılan bir yöntem. Bu yöntem bir binanın, bina sisteminin, veya başka benzeri bir eser/nesnenin bütün edinme, sahip olma ve elden çıkarma masraflarını hesaba katar. Aynı performans koşullarını tatmin eden ama değişik başlangıç ve işletme masraflarına sahip diğer proje seçeneklerinin net tasarrufu azami seviyeye çıkarmak için karşılaştırılması gerektiği durumlarda bu yöntem özellikle yararlıdır.
Ligand	In chemistry, an ion or molecule attached to a metal atom by coordinate bonding. In biochemistry, a molecule that binds to another (usually larger) molecule.	Ligand	Kimyada, bir metal atomuna denk bağı ile bağlanmış bir iyon veya molekül. Biyokimyada, başka (ve genellikle daha büyük) bir moleküle bağlanan bir molekül.
Macrophyte	A plant, especially an aquatic plant, large enough to be seen by the naked eye.	Makrofit	Çıplak gözle görülecek kadar büyük bir bitki, özellikle su bitkisi.

English	English	Türkçe	Türkçe
Marine Macrophyte	Marine macrophytes comprise thousands of species of macrophytes, mostly macroalgae, seagrasses, and mangroves, that grow in shallow water areas in coastal zones.	Denizsel Makrofit	Denizsel makrofitler çoğunluğu makro suyosunları, suotları, ve hindistan sakız ağacı (rizofora)'ndan oluşan ve kıyı bölgelerinde sığ sularda büyüyen binlerce makrofit türünden oluşur.
Marsh	A wetland dominated by herbaceous, rather than woody, plant species; often found at the edges of lakes and streams, where they form a transition between the aquatic and terrestrial ecosystems. They are often dominated by grasses, rushes or reeds. Woody plants present tend to be low-growing shrubs. This vegetation is what differentiates marshes from other types of wetland such as Swamps, and Mires.	Sazlı Bataklık	Odunsu değil de otsu bitki türleri tarafından kaplanmış sulak alan; genelikle sucul ile karasal ekosistemler arasında bir geçiş sağladıkları göl veya dere kenarlarında bulunurlar. Çoğu zaman otlar, sazlar ve kamışlarla kaplıdırlar. Eğer odunsu bitkiler varsa, bunlar genelikle alçak-büyüyen çalılar şeklindedir. Sazlı bataklığı, Bataklıklar, ve Çamurlu Bataklıklar gibi diğer sulak alanlardan ayıran bu bitki örtüsüdür.
Mass Spectroscopy	A form of analysis of a compound in which light beams are passed through a prepared liquid sample to indicate the concentration of specific contaminants present.	Kütle Spektroskopisi	Mevcut belirli kirleticilerin yoğunluğunu belirlemek için hazırlanmış bir sıvı örnekleminden ışık hüzmelerinin geçirildiği bir bileşik analiz etme şekli.

English	English	Türkçe	Türkçe
Maturation Pond	A low-cost polishing pond, which generally follows either a primary or secondary facultative wastewater treatment pond. Primarily designed for tertiary treatment, (i.e., the removal of pathogens, nutrients and possibly algae) they are very shallow (usually 0.9–1 m depth).	Olgunlaştırma Havuzu	Genellikle ya birincil ya da ikincil ihtiyari atıksu arıtma havuzunu takip eden düşük-masraflı parlatma havuzu. Öncelikle üçüncül arıtma için tasarımlanmıştır (örneğin, hastalık yaratan patojenleri, besin maddelerini ve muhtemelen yosunları temizlemek için). Bu tür havuzlar çok sığdırlar (genellikle 0.9 metre ila 1 metre derinliğinde).
MBR	See: Membrane Reactor	ZR	Bakınız: Zar Reaktörü
Membrane Bioreactor	The reaction vessel in which a biological treatment process occurs when that process utilizes a membrane, such as a microfiltration or ultrafiltration fabric, upon which a biological growth may occur, and which filters fine particles from a suspended growth process inside the confines of the filter membrane, thereby reducing the discharge of suspended solids from the bioreactor and increasing the treatment efficiency of the reactor, while reducing the retention time of the residual liquids.	Zar Biyoreaktörü	Mikrosüzme veya incesüzme örgüsü/kumaşı gibi bir zar kullanan biyolojik arıtma sürecinin içinde meydana geldiği reaksiyon tankı. Üzerinde biyolojik oluşumlar büyüyebilen bu örgü/kumaş, filitre zarının sınırları dahilindeki askıya alınmış büyüme sürecinden ince tanecikleri filitre ederek askıdaki katıların biyoreaktörden atılmasını azaltır ve reaktörün arıtma etkiliğini artırırken kalan sıvıların alıkoyulma zamanını da azaltır.

English	English	Türkçe	Türkçe
Membrane Reactor	A physical device that combines a chemical conversion process with a membrane separation process to add reactants or remove products of the reaction.	Zar Reaktörü	Bir reaksiyona tepken (reactant) eklemek veya reaksiyonda ortaya çıkan ürünleri ortadan kaldırmak için bir kimyasal dönüşüm süreciyle bir zar ayrışım sürecini birleştiren bir fiziksel aygıt/alet.
Mesopause	The boundary between the mesosphere and the thermosphere.	Mezopoz	Mezosfer ile ısıküre (termosfer) arasındaki sınır.
Mesosphere	The third major layer of Earth atmosphere that is directly above the stratopause and directly below the mesopause. The upper boundary of the mesosphere is the mesopause, which can be the coldest naturally occurring place on Earth with temperatures as low as −100°C (−146°F or 173 K).	Mezosfer	Stratopozun hemen üzerinde ve mezopozun hemen altında bulunan, dünya atmosferinin üçüncü önemli tabakası. Mezosferin üst sınırı, −100 derece santigrata (−146°F veya 173 K) kadar düşen ısısıyla dünyadaki belki de doğal olarak en soğuk yer olan mezopozdur.
Metamorphic Rock	Metamorphic rock is rock which has been subjected to temperatures greater than 150 to 200°C and pressure greater than 1500 bars, causing profound physical and/or chemical change. The original rock may be sedimentary, igneous rock or another, older, metamorphic rock.	Başkalaşmış Kaya	150 veya 200 Derece Santigratdan daha fazla sıcaklığa ve 1500 bar'dan daha fazla basınca maruz kalmış, şiddetli fiziksel ve/veya kimyasal değişime uğrayan kayaya Başkalaşmış (Metaforik) Kaya denir. Orijinal kaya, tortul, volkanik/ magmatik, veya daha başka ve daha yaşlı bir metaforik kaya olabilir.

English	English	Türkçe	Türkçe
Metamorphosis	A biological process by which an animal physically develops after birth or hatching, involving a conspicuous and relatively abrupt change in body structure through cell growth and differentiation.	Başkalaşma (Metamorfoz)	Bir hayvanın doğduktan veya yumurtadan çıktıktan sonra fiziksel olarak gelişmesini sağlayan, ve hücre büyümesi ve farklılaşması yoluyla gövde yapısında çarpıcı ve nispeten ani bir değişikliğe yol açan bir biyolojik süreç.
Microbe	Microscopic single-cell organism.	Mikrop	Tek hücreli mikroskopik organizma
Microbial	Involving, caused by, or being, microbes.	Mikrobik	Mikropları ilgilendiren, mikroplar tarafından sebep olunan, veya mikroplarla ilgili.
Microorganism	A microscopic living organism, which may be single celled or multicellular.	Mikroorganizma	Mikroskopik yaşayan organizma; tek veya çok hücreli de olabilir.
Micropollutants	Organic or mineral substances that exhibit toxic, persistent and bioaccumulative properties that may have a negative effect on the environment and/or organisms.	Mikro Kirletici	Çevre ve/veya organizmalar üzerinde olumsuz etkisi olabilecek biyobirikimli, kalıcı ve zehirli özellikler sergileyen organik veya madensel maddeler.
Milliequivalent	One thousandth (10^{-3}) of the equivalent weight of an element, radical, or compound.	Milieşdeğer	Bir element, radikal, veya bileşimin eşdeğer ağırlığının binde biri (10^{-3}).

English	English	Türkçe	Türkçe
Mires	A wetland terrain without forest cover dominated by living, peat-forming plants. There are two types of mire: Fen and Bog.	Çamur Bataklık	Canlı, turbaya-dönüşen bitkilerle kaplı ama orman örtüsüne sahip olmayan sulak arazi. İki türlü çamur bataklık vardır: düzbataklık ve turbalık.
Molal Concentration	See: Molality	Molal Yoğunluk	Bakınız: Molallik
Molality	Molality, also called molal concentration, is a measure of the concentration of a solute in a solution in terms of amount of substance in a specified mass of the solvent.	Molallik	Molallik, ya da öbür adıyla "molal yoğunluk," bir çözeltideki çözgen (eriyen madde) yoğunluğunun belirli bir çözücü (eritici madde) kütlesindeki madde miktarı cinsinden bir ölçüsüdür.
Molar Concentration	See: Molarity	Molar Yoğunluk	Bakınız: Molarlık
Molarity	Molarity is a measure of the concentration of a solute in a solution, or of any chemical species in terms of the mass of substance in a given volume. A commonly used unit for molar concentration used in chemistry is mol/L. A solution of concentration 1 mol/L is also denoted as 1 molar (1 M).	Molarlık	Molarlık bir çözeltideki çözgenin (eriyen madde) veya belli bir hacimdeki madde kütlesi cinsinden herhangi bir kimyasal madde çeşitinin yoğunluğunun bir ölçüsüdür. Kimyada molar yoğunluk için yaygın olarak kullanılan bir birim mol/L'dir. 1 mol/L'lik bir çözelti yoğunluğu aynı zamanda 1 molar (1 M) olarak da ifade edilebilir.

English	English	Türkçe	Türkçe
Mole (Biology)	Small mammals adapted to a subterranean lifestyle. They have cylindrical bodies, velvety fur, very small, inconspicuous ears and eyes, reduced hindlimbs and short, powerful forelimbs with large paws adapted for digging.	Köstebek (Biyoloji)	Yeraltı hayatına uyum sağlamış küçük memeli hayvan türü. Silindir şeklinde gövdeleri, kadifemsi kürkleri, farkedilemeyecek kadar küçük kulak ve gözleri, küçülmüş arka bacakları, kazımak için uyarlanmış büyük pençeli kuvvetli önayakları vardır.
Mole (Chemistry)	The amount of a chemical substance that contains as many atoms, molecules, ions, electrons, or photons, as there are atoms in 12 grams of carbon-12 (^{12}C), the isotope of carbon with a relative atomic mass of 12. This number is expressed by the Avogadro constant, which has a value of $6.0221412927 \times 10^{23}$ mol^{-1}.	Mol (Kimya)	Oniki gram karbon-12 (^{12}C)'nin sahip olduğu kadar atom, molekül, iyon, electron, veya foton ihtiva eden kimyasal madde miktarı. Karbon-12 (^{12}C), izafi atomik kütlesi 12 olan karbon izotopudur. Mol, değeri $6.0221412927 \times 10^{23}$ mol^{-1} olan Avogadro sayısı ile ifade edilir.
Monetization	The conversion of non-monetary factors to a standardized monetary value for purposes of equitable comparison between alternatives.	Parasallaşma	Seçenekler arasında hakkaniyetli bir karşılaştırma yapabilmek için para-dışı etmenlerin standart hale getirilmiş bir para değerine dönüştürülmesi.

English	English	Türkçe	Türkçe
Moraine	A mass of rocks and sediment deposited by a glacier, typically as ridges at its edges or extremity.	Buzultaş (Moren)	Bir buzul tarafından, tipik olarak buzulun kenar veya uçlarına sırt/kabartı olarak bırakılan/çökeltilen kaya ve çökelti kütlesi.
Morphology	The branch of biology that deals with the form and structure of an organism, and with the relationships between their structures.	Biçimbilim	Bir organizmanın biçim ve yapısını ve yapılar arasındaki ilişkileri inceleyen biyoloji dalı.
Mottling	Soil mottling is a blotchy discoloration in a vertical soil profile; it is an indication of oxidation, usually attributed to contact with groundwater, which can indicate the depth to a seasonal high groundwater table.	Beneklenme	Toprak beneklenmesi dikey bir toprak örnekleminin yer yer renk atması ya da solmasıdır; genellikle yeraltı suyu ile temastan olduğu düşünülen oksidasyon belirtisidir ki mevsimlik yüksek yeraltı su tablasına olan derinliğin bir göstergesi olabilir.
MS	A Mass Spectrophotometer	KT	Kütle Spektrometresi
MtBE	Methyl-tert-Butyl Ether	MtBE	Metil tert Bütil Eter
Multidecadal	A timeline that extends across more than one decade, or 10-year, span.	Onlarcayıllık	Bir onyıllık süreyi aşan zaman çizelgesi.

English	English	Türkçe	Türkçe
Municipal Solid Waste	Commonly known as trash or garbage in the United States and as refuse or rubbish in Britain, is a waste type consisting of everyday items that are discarded by the public. "Garbage" can also refer specifically to food waste.	Kentsel Katı Atık	Amerika Birleşik Devletleri'nde "trash" veya "garbage" İngiltere'de de "refuse" veya "rubbish" olarak anılan ve halk tarafından her gün atılan bir çöp/artık çeşidi. İngilizce'deki "garbage" sözcüğü özellikle yiyecek artıkları için kullanılır.
Nacelle	Aerodynamically-shaped housing that holds the turbine and operating equipment in a wind turbine.	Motor Kaportası	Bir rüzgar türbininde türbin ve çalışan aksamı barındıran aerodinamik şekilli kutu/muhafaza.
Nanotube	A nanotube is a cylinder made up of atomic particles and whose diameter is around one to a few billionths of a meter (or nanometers). They can be made from a variety of materials, most commonly, Carbon.	Fulleren Borucuğu	Atomik taneciklerden yapılmış ve çapı bir metrenin bir ila birkaç milyarda biri (yani nanometre) büyüklüğünde olan bir silindir. Fulleren Borucuğu muhtelif malzemelerden ve çoğu zaman da Karbon'dan yapılabilir.
NAO (North Atlantic Oscillation)	A weather phenomenon in the North Atlantic Ocean of fluctuations in atmospheric pressure differences at sea level between the Icelandic low and the Azores high that controls the strength and direction of westerly winds and storm tracks across the North Atlantic.	KAS (Kuzey Atlantik Salınımı)	İzlandadaki düşük ve Azor Adalarındaki yüksek deniz-seviyesi atmosfer basıncı farkındaki oynamalardan kaynaklanan, Kuzey Atlantik'i boydan boya kapsayan fırtına rotaları ve batıdan esen rüzgarların kuvvet ve yönünü kontrol eden bir Kuzey Atlantik Okyanusu hava görüngüsü/fenomeni.

English	English	Türkçe	Türkçe
Northern Annular Mode	A hemispheric-scale pattern of climate variability in atmospheric flow in the northern hemisphere that is not associated with seasonal cycles.	Kuzey Yıllık Modu	Kuzey yarımküre-sindeki atmosferik akışların gösterdiği iklim değişkenliğinin mevsimlik salınımlarla ilgisi olmayan bir yarıküre-ölçekli örüntüsü.
OHM	Oil and Hazardous Materials	PZM	Petrol ve Zararlı Maddeler
Ombrotrophic	Refers generally to plants that obtain most of their water from rainfall.	Ombrotrofik	"Sularının çoğunu yağmur sularından temin eden bitkiler gibi" anlamına gelen bir sıfat.
Order of Magnitude	A multiple of ten. For example, 10 is one order of magnitude greater than 1 and 1000 is three orders of magnitude greater than 1. This also applies to other numbers, such that 50 is one order of magnitude higher than 4, for example.	Büyüklük Kertesi	On (10) sayısının katları. Örneğin, 10 sayısı 1 sayısından bir büyüklük kertesi daha büyüktür ve 1000 rakamı 1 sayısından üç büyüklük kertesi daha büyüktür. Bu diğer sayılar için de geçerlidir. Örneğin, 50 rakamı 4 sayısından bir büyüklük kertesi daha büyüktür.
Oscillation	The repetitive variation, typically in time, of some measure about a central value, or between two or more different chemical or physical states.	Salınım	Bir merkez değeri etrafında ve genellikle zaman içinde, veya iki veya daha fazla kimyasal veya fiziksel hal/durum arasında kendini belirli bir ölçüde tekrarlayan değişiklik (varyasyon).

English	English	Türkçe	Türkçe
Osmosis	The spontaneous net movement of dissolved molecules through a semi-permeable membrane in the direction that tends to equalize the solute concentrations both sides of the membrane.	Geçişme (Osmoz)	Çözünmüş moleküllerin yarı-geçirgen bir zarın içinden çözünen madde yoğunluğunu zarın her iki tarafında da eşitleme eğilimi yönünde gerçekleşen kendiliğinden net hareketi.
Osmotic Pressure	The minimum pressure which needs to be applied to a solution to prevent the inward flow of water across a semipermeable membrane. It is also defined as the measure of the tendency of a solution to take in water by osmosis.	Geçişme Basıncı	Suyun yarıgeçirgen bir zardan içeri akmasını önlemek için bir çözeltiye uygulanması gereken asgari basınç. Aynı zamanda bir çözeltinin geçişme (osmoz) yoluyla su alması eğiliminin bir ölçüsü olarak da tanımlanır.
Ozonation	The treatment or combination of a substance or compound with ozone.	Ozonlama	Bir madde veya bileşiğin ozonla muamele edilmesi ya da birleştirilmesi.
Pascal	The derived metric system unit of pressure, internal pressure, stress, Young's modulus and ultimate tensile strength; defined as one newton per square meter.	Paskal	"Metre kare başına bir newton" olarak tanımlanan ve metrik sistemden türetilmiş bir basınç, iç basınç, gerilme, Yang modülü ve üst çekme dayanımı birimi.
Pathogen	An organism, usually a bacterium or a virus, which causes, or is capable of causing, disease in humans.	Patojen (Hastalık Mikrobu)	İnsanlarda hastalık yapan ya da yapabilen genellikle bakteri veya virus gibi bir organizma.

English	English	Türkçe	Türkçe
PCB	Polychlorinated Biphenyl	PKB	Poliklorlu Bifenil
Peat (Moss)	A brown, soil-like material characteristic of boggy, acid ground, consisting of partly decomposed vegetable matter; widely cut and dried for use in gardening and as fuel.	Turba (Yosunu)	Kısmen çürümüş bitki maddelerinden oluşan ve genellikle bataklık gibi asitli arazilerde görülen kahverengi toprak-gibi bir madde; çoğu zaman kesilir, kurutulur, ve bahçecilik işlerinde veya yakıt olarak kullanılır.
Peristaltic Pump	A type of positive displacement pump used for pumping a variety of fluids. The fluid is contained within a flexible tube fitted inside a (usually) circular pump casing. A rotor with a number of "rollers", "shoes", "wipers", or "lobes" attached to the external circumference of the rotor compresses the flexible tube sequentially, causing the fluid to flow in one direction.	Peristaltik Pompa	Muhtelif sıvıları pompalamak için kullanılan bir çeşit gel-git pompası. Sıvı, (genellikle) yuvarlak bir pompa yuvasının içine monte edilmiş esnek bir tüpün içindedir. Çemberinin dış tarafına "merdaneler", "silecekler", veya "dilimler (lob'lar)" iliştirilmiş bir rotor, esnek tüpü sıralı olarak sıkıştırarak sıvının tek bir yönde akmasını sağlar.
pH	A measure of the hydrogen ion concentration in water; an indication of the acidity of the water.	pH	Sudaki hidrojen iyonu yoğunluğunun bir ölçüsü; suyun asit derecesinin bir belirtisi.

English	English	Türkçe	Türkçe
Pharmaceu-ticals	Compounds manufactured for use in medicines; often persistent in the environment. See: Recalcitrant wastes.	Tıbbi ilaçlar	İlaçlarda kullanılmak üzere imal edilmiş bileşimler; çoğu zaman çevrede kalıcıdırlar. Bakınız: İnatçı Artıklar.
Phenocryst	The larger crystals in a porphyritic rock.	Fenokristal	Porfiritik kayalardaki iri kristaller.
Photofermen-tation	The process of converting an organic substrate to biohydrogen through fermentation in the presence of light.	Işık-Mayalama (Fotofermen-tasyon)	Organik bir alt katmanı ışıklı bir ortamda mayalandırarak biyohidrojene dönüştürme süreci/işlemi.
Photosyn-thesis	A process used by plants and other organisms to convert light energy, normally from the Sun, into chemical energy that can be used by the organism to drive growth and propagation.	Fotosentez	Genellikle Güneş'den gelen ışık enerjisini bitkilerin ve diğer organizmaların büyümek ve üremek için kimyasal enerjiye çevirdikleri bir süreç.
pOH	A measure of the hydroxyl ion concentration in water; an indication of the alkalinity of the water.	pOH	Sudaki hidroksil iyonu yoğunluğunun bir ölçüsü; suyun bazlık durumunun bir belirtisi.
Polarized Light	Light that is reflected or transmitted through certain media so that all vibrations are restricted to a single plane.	Polarize Işık	Bazı ortamlardan (medyalardan) bütün titreşimleri sadece tek bir satıhta (düzlemde) yayılabilecek şekilde yansıyan veya geçirilen ışık.
Polishing Pond	See: Maturation Pond	Parlatma Havuzu	Bakınız: Olgunlaştırma Havuzu

English	English	Türkçe	Türkçe
Polydentate	Attached to the central atom in a coordination complex by two or more bonds —See: Ligands and Chelates.	Polidentat	Bir eşgüdüm (koordinasyon) kompleksindeki merkezi atoma iki veya daha fazla bağ ile bağlı olma hali. Bakınız: Ligandlar ve Kelatlar.
Pore Space	The interstitial spaces between grains of soil in a soil mixture or profile.	Boşluk Hacmi	Bir toprak karışımında veya profilindeki toprak tanelerinin arasındaki boşluklar.
Porphyritic Rock	Any igneous rock with large crystals embedded in a finer ground mass of minerals.	Porfirik (Somaki) Kaya	İnce bir metalik toprak kütlesine gömülmüş iri kristalli herhangi bir volkanik kaya.
Porphyry	A textural term for an igneous rock consisting of large-grain crystals such as feldspar or quartz dispersed in a fine-grained matrix.	Kırmızı Somaki (Porfir)	İnce-tanecikli matrislerin içinde dağılmış kuartz ve feldispat gibi iri-taneli kristallerden oluşan volkanik kaya için kullanılan bir dokusal terim.
Protolith	The original, unmetamorphosed rock from which a specific metamorphic rock is formed. For example, the protolith of marble is limestone, since marble is a metamorphosed form of limestone.	Protolit	Kendisinden belirli bir metamorfik kaya oluşan özgün, başkalaşmamış kaya. Örneğin, mermerin protoliti kireçtaşıdır çünkü mermer kireçtaşının başkalaşmış şeklidir.
Protolithic	Characteristic of something related to the very beginning of the Stone Age, such as protolithic stone tools, for example.	Protolitik	Protolitik taş aletler gibi Taş Devri'nin ilk yıllarına ilişkin bir şeyin özelliğini dile getiren bir sıfat.

English	English	Türkçe	Türkçe
Pupa	The life stage of some insects undergoing transformation. The pupal stage is found only in holometabolous insects, those that undergo a complete metamorphosis, going through four life stages: embryo, larva, pupa and imago.	Pupa (Krizalit)	Dönüşümden geçen bazı böceklere ait bir hayat evresi. Pupa evresi sadece tümbaşkalaşan böceklerde görülür. Bu tür böcekler şu dört hayat evresinden geçerek tamamen başkalaşırlar: embriyo, larva (sürfe), pupa, ve ergin böcek.
Pyrolysis	Combustion or rapid oxidation of an organic substance in the absence of free oxygen.	Isılbozunma (Piroliz)	Serbest oksijen yokluğunda organik bir maddenin hızla okside olması veya patlaması.
Quantum Mechanics	A fundamental branch of physics concerned with processes involving atoms and photons.	Kuantum Mekaniği	Atomlar ve fotonlarla ilgili süreçleri inceleyen bir temel fizik dalı.
Radar	An object-detection system that uses radio waves to determine the range, angle, or velocity of objects.	Radar	Nesnelerin/cisimlerin uzaklığını, açılarını, veya hızlarını belirlemekte radyo dalgaları kullanan bir nesne/cisim-saptama sistemi.
Rate of Return	A profit on an investment, generally comprised of any change in value, including interest, dividends or other cash flows which the investor receives from the investment.	Getiri Oranı	Yatırımcının yatırımdan elde ettiği faiz, kar payı, veya diğer nakit akışları da dahil olmak üzere genellikle yatırımın değerindeki herhangi bir değişiklikten oluşan yatırım karı.
Ratio	A mathematical relationship between two numbers indicating how many times the first number contains the second.	Oran	İki rakam arasında, birinci rakamın ikinci rakamı kaç dafa içerdiğini ifade eden matematiksel ilişki.

English	English	Türkçe	Türkçe
Reactant	A substance that takes part in and undergoes change during a chemical reaction.	Tepken (Reaktant)	Bir kimyasal reaksiyona giren ve reaksiyon sırasında değişen bir madde.
Reactivity	Reactivity generally refers to the chemical reactions of a single substance or the chemical reactions of two or more substances that interact with each other.	Tepkisellik	Tepkisellik genellikle tek bir maddenin kimyasal reaksiyonlarını veya birbirleriyle etkileşen iki veya daha fazla maddenin kimyasal reaksiyonlarını ifade eden bir kavramdır.
Reagent	A substance or mixture for use in chemical analysis or other reactions.	Belirteç (Ayıraç)	Kimyasal analizde veya diğer reaksiyonlarda kullanılan bir madde veya karışım.
Recalcitrant Wastes	Wastes which persist in the environment or are very slow to naturally degrade and which can be very difficult to degrade in wastewater treatment plants.	İnatçı Artıklar	Çevreden gitmeyen veya doğal olarak çok yavaş çözünen ve atıksu arıtma tesislerinde çözünmesi çok zor olan atıklar.
Redox	A contraction of the name for a chemical reduction-oxidation reaction. A reduction reaction always occurs with an oxidation reaction. Redox reactions include all chemical reactions in which atoms have their oxidation state changed; in general, redox reactions involve the transfer of electrons between chemical species.	Redoks	Bir indirgeme-oksidasyon reaksiyonunun kısaltılmış ismi. Bir indirgeme reaksiyonu her zaman bir oksidasyon reaksiyonuyla beraber olur. Redoks reaksiyonları atomların oksidasyon hallerinin değiştiği bütün kimyasal reaksiyonları içerir; genel olarak, redoks reaksiyonlarında elektronlar kimyasal madde türleri arasında transfer olurlar.

English	English	Türkçe	Türkçe
Reynold's Number	A unitless number indicating the relative turbulence of flow in a fluid. It is proportional to {(inertial force)/(viscous force)} and is used in momentum, heat, and mass transfer to account for dynamic similarity.	Reynold Sayısı	Bir sıvıdaki göreceli akış türbülansını ifade eden birimsiz rakam. Eylemsizlik kuvvetinin akışmazlık kuvvetine bölünmesiyle {(eylemsizlik kuvveti)/(akışmazlık kuvveti)}orantılıdır ve dinamik benzerlikleri hesaplamak üzere momentum, ısı, ve kütle transferinde kullanılır.
Salt (Chemistry)	Any chemical compound formed from the reaction of an acid with a base, with all or part of the hydrogen of the acid replaced by a metal or other cation.	Tuz (Kimya)	Bir asitin baz ile reaksiyona girmesinden oluşan herhangi bir kimyasal bileşim. Bu reaksiyonda asitin hidrojenlerinin hepsi veya bir kısmı bir metal veya katyon ile değiştirilir.
Saprophyte	A plant, fungus, or microorganism that lives on dead or decaying organic matter.	Leş Yiyici	Ölmüş veya çürüyen organik maddeyle beslenen bir bitki, mantar, veya mikroorganizma.
Sedimentary Rock	A type of rock formed by the deposition of material at the Earth surface and within bodies of water through processes of sedimentation.	Tortul Kaya	Tortullaşma yoluyla su birikintilerinde ve yeryüzünde maddelerin çöküntüsünden oluşan bir kaya türü.

English	English	Türkçe	Türkçe
Sedimen-tation	The tendency for particles in suspension to settle out of the fluid in which they are entrained and come to rest against a barrier due to the forces of gravity, centrifugal acceleration, or electromagnetism.	Çökelme	Askıda duran taneciklerin içine katıldıkları sıvıdan ayrılarak çökelmeleri ve elektromanyetizm, merkezkaç ivmesi, veya yerçekiminin etkisiyle bir bariyere gelip durma eğilimi.
Sequestering Agents	See: Chelates	Ayırma Maddesi	Bakınız: Kelat
Sequestration	The process of trapping a chemical in the atmosphere or environment and isolating it in a natural or artificial storage area, such as with carbon sequestration to remove the carbon from having a negative effect on the environment.	Ayırma	Bir kimyasal maddeyi atmosferde veya çevrede hapsetme ve doğal veya yapay bir depolama sahasında tecrit etme işlemi; örneğin, karbonun çevreye zarar vermesini önlemek için karbon ayırma işlemiyle temizlenmesi.
Sewage	A water-borne waste, in solution or suspension, generally including human excrement and other wastewater components.	Lağım Pisliği	Suda çözülmüş veya askıda duran, genellikle insan dışkısı ve diğer atıksu bileşenleri içeren suyla-taşınan atık.
Sewerage	The physical infrastructure that conveys sewage, such as pipes, manholes, catch basins, etc.	Lağım Sistemi	Lağım taşıyan ve borular, rogar kapakları, toplama çukurları vs. gibi unsurlardan oluşan fiziksel altyapı sistemi.

English	English	Türkçe	Türkçe
Sludge	A solid or semi-solid slurry produced as a by-product of wastewater treatment processes or as a settled suspension obtained from conventional drinking water treatment and numerous other industrial processes.	Sulu Çamur	Atıksu arıtma işlemlerinin bir yan ürünü olan veya normal içme suyunun arıtılması ve bir çok diğer endüstriyel süreç sırasında yerleşmiş süspansiyon olarak ortaya çıkan katı veya yarı-katı bulamaç.
Southern Annular Flow	A hemispheric-scale pattern of climate variability in atmospheric flow in the southern hemisphere that is not associated with seasonal cycles.	Yıllık Güney Akışı	Güney yarımkürede mevsimlik çevrimlerle ilgisi olmayan atmosfer akışlarındaki yarımküre-ölçekli iklim değişkenliği örüntüsü.
Specific Gravity	The ratio of the density of a substance to the density of a reference substance; or the ratio of the mass per unit volume of a substance to the mass per unit volume of a reference substance.	Özgül Yerçekimi	Bir cismin yoğunluğunun bir referans cisminin yoğunluğuna olan oranı; veya bir cismin birim hacim başına kütlesinin bir referans cisminin birim hacim başına kütlesine oranı.
Specific Weight	The weight per unit volume of a material or substance.	Özgül Ağırlık	Bir madde veya cismin bir birim hacim başına ağırlığı.

English	English	Türkçe	Türkçe
Spectrometer	A laboratory instrument used to measure the concentration of various contaminants in liquids by chemically altering the color of the contaminant in question and then passing a light beam through the sample. The specific test programmed into the instrument reads the intensity and density of the color in the sample as a concentration of that contaminant in the liquid.	Spektrometre	Sıvılardaki kirleticilerin rengini kimyasal olarak değiştirip örneklemin içinden bir ışık hüzmesi geçirerek sıvılardaki çeşitli kirleticilerin yoğunluğunu ölçmekte kullanılan bir laboratuvar aleti. Bu alet için programlanan belirli test ile sıvıdaki kirleticinin yoğunluğu örneklem renginin parlaklığı ve koyuluğu okunarak ölçülür.
Spectrophoto-meter	A Spectrometer	Spektro-fotometre	Bir çeşit spektrometre
Stoichiometry	The calculation of relative quantities of reactants and products in chemical reactions.	Stokiyometri	Kimyasal reaksiyonlardaki reaktant (tepken) ve reaksiyon ürünlerinin göreceli miktarlarının hesaplanması.
Stratosphere	The second major layer of Earth atmosphere, just above the troposphere, and below the mesosphere.	Stratosfer	Troposferin hemen üzerinde ve mezosferin altında yer alan, dünya atmosferinin ikinci önemli tabakası.

English	English	Türkçe	Türkçe
Subcritical Flow	Subcritical flow is the special case where the Froude number (unitless) is less than 1. i.e. The velocity divided by the square root of (gravitational constant multiplied by the depth) = <1 (Compare to Critical Flow and Supercritical Flow).	Kritik Altı Akım	Kritik Altı Akım, (birimsiz) Froude sayısının 1'den küçük olduğu özel bir durumdur. Yani hız'ın, (yerçekimi sabitinin derinlik ile çarpılmasının kare kökü) ne bölünmesinin sonucu 1'e eşit veya daha küçük olmalıdır. (Kritik Akım ve Kritik Üstü Akım ile karşılaştırınız).
Substance Concentration	See: Molarity	Madde Yoğunluğu	Bakınız: Molarlık
Supercritical Flow	Supercritical flow is the special case where the Froude number (unitless) is greater than 1. i.e. The velocity divided by the square root of (gravitational constant multiplied by the depth) = >1 (Compare to Subcritical Flow and Critical Flow).	Kritik Üstü Akım	Kritik Üstü Akım, (birimsiz) Froude sayısının 1'den büyük olduğu özel bir durumdur. Yani hız'ın, (yerçekimi sabitinin derinlik ile çarpılmasının kare kökü) ne bölünmesinin sonucu 1'e eşit veya daha büyük olmalıdır. (Kritik Akım ve Kritik Altı Akım ile karşılaştırınız).
Swamp	An area of low-lying land; frequently flooded, and especially one dominated by woody plants.	Bataklık	Alçak yükseklikteki veya deniz seviyesindeki arazi. Özellikle odunsu bitkilerin yaygın olduğu bu tür arazileri sık sık sel basar.

English	English	Türkçe	Türkçe
Synthesis	The combination of disconnected parts or elements so as to form a whole; the creation of a new substance by the combination or decomposition of chemical elements, groups, or compounds; or the combining of different concepts into a coherent whole.	Sentez	Birbirleriyle bağlantısız parça veya elementlerin bir bütün oluşturacak şekilde birleştirilmeleri; kimyasal elementlerin, grupların, veya bileşimlerin dağılmaları veya birleşmeleriyle yeni bir cisim veya maddenin yaratılması; veya, değişik kavramların yeni tutarlı bir bütün oluşturacak şekilde birleştirilmeleri.
Synthesize	To create something by combining different things together or to create something by combining simpler substances through a chemical process.	Sentezlemek	Değişik şeyleri bir araya getirerek bir şey yaratmak veya daha basit maddeleri kimyasal bir işlemle birleştirerek yeni bir şey yaratmak.
Tarn	A mountain lake or pool, formed in a Cirque excavated by a glacier.	Dağ gölü	Bir buzul tarafından kazılmış bir buzyalağında oluşmuş bir dağ gölü veya havuzu.
Thermo-dynamic Process	The passage of a thermodynamic system from an initial to a final state of thermodynamic equilibrium.	Termodinamik Süreç	Bir termodinamik sistemin bir ilk/başlangıç termodinamik denge halinden nihai/son termodinamik denge haline geçmesi.
Thermo-dynamics	The branch of physics concerned with heat and temperature and their relation to energy and work.	Termodinamik	Isı ve sıcaklığı ve bu ikisinin enerji ve iş ile olan ilişkilerini inceleyen fizik dalı.

English	English	Türkçe	Türkçe
Thermo-mechanical Conversion	Relating to or designed for the transformation of heat energy into mechanical work.	Termomekanik Dönüşüm	Isı enerjisinin mekanik işe dönüşmesi için tasarımlanmış veya ona ilişkin.
Thermosphere	The layer of Earth atmosphere directly above the mesosphere and directly below the exosphere. Within this layer, ultraviolet radiation causes photoionization and photodissociation of molecules present. The thermosphere begins about 85 kilometers (53 mi) above the Earth.	Isıküre	Mesozferin hemen üzerinde ve egzosferin hemen altındaki dünya atmosferi tabakası. Bu tabakanın içinde morötesi ışınım, mevcut moleküllerin foto-iyonlaşmasına ve foto-çözüşmesine sebep olur. Isıküre dünyadan yaklaşık olarak 85 kilometre (53 mil) yükseklikte başlar.
Tidal	Influenced by the action of ocean tides rising or falling.	Gelgitsel	Yükselen veya alçalan okyanus akıntılarının hareketinden (gelgitlerden) etkilenen.
TOC	Total Organic Carbon; a measure of the organic content of contaminants in water.	TOK	Toplam organik karbon; sudaki atıkların organik içeriklerinin bir ölçüsü.
Torque	The tendency of a twisting force to rotate an object about an axis, fulcrum, or pivot.	Dönme Momenti	Büküm gücünün bir cismi bir eksen, dayanma noktası veya mihver etrafında döndürme eğilimi.

English	English	Türkçe	Türkçe
Trickling Filter	A type of wastewater treatment system consisting of a fixed bed of rocks, lava, coke, gravel, slag, polyurethane foam, sphagnum peat moss, ceramic, or plastic media over which sewage or other wastewater is slowly trickled, causing a layer of microbial slime (biofilm) to grow, covering the bed of media, and removing nutrients and harmful bacteria in the process.	Damlatmalı filtre	Kayalar, lava, kok kömürü, çakıl, cüruf, poliüretan köpük, bataklık turba yosunu, seramik, veya plastik maddelerden yapılmış bir sabit tabandan oluşan, üzerine lağım veya benzeri atıksuların yavaşça damlatıldığı ve mikrobiyal bir sümük tabakasının (biyofilmin) büyüyüp bu tabanı kaplayarak besleyicileri ve zararlı bakterileri ayıkladığı bir çeşit atıksu arıtma sistemi.
Tropopause	The boundary in the atmosphere between the troposphere and the stratosphere.	Tropopoz	Atmosferde troposfer ile stratosfer arasındaki sınır/hudut.
Troposphere	The lowest portion of atmosphere; containing about 75% of the atmospheric mass and 99% of the water vapor and aerosols. The average depth is about 17 km (10.5 mi) in the middle latitudes, up to 20 km (12.5 mi) in the tropics, and about 7 km (4.4 mi) near the polar regions, in winter.	Troposfer	Atmosferin en alt bölümü; atmosfer kütlesinin yaklaşık %75'ini ve su buharının ve ayresolların %99'unu içerir. Ortalama derinliği orta enlemlerde 17 km (10.5 mil)dir, tropiklerde 20 km (12.5 mil)e kadar çıkar, ve kışın kutup bölgeleri civarında 7 km (4.4 mil) kadardır.

English	English	Türkçe	Türkçe
UHI	Urban Heat Island	KIA	Kentsel Isı Adası
UHII	Urban Heat Island Intensity	KIAŞ	Kentsel Isı Adası Şiddeti
Unit Weight	See: Specific Weight	Birim Ağırlık	Bakınız: Özgül Ağırlık
Urban Heat Island	An urban heat island is a city or metropolitan area that is significantly warmer than its surrounding rural areas, usually due to human activities. The temperature difference is usually larger at night than during the day, and is most apparent when winds are weak.	Kentsel Isı Adası	Kentsel ısı adası çevresindeki köysel alanlardan genellikle insan faaliyeti nedeniyle epey daha sıcak olan bir şehir veya metropol bölgesidir. Sıcaklık farkı çoğunlukla geceleri daha fazladır ve en çok rüzgarların hafif olduğu zamanlarda kendini belli eder.
Urban Heat Island Intensity	The difference between the warmest urban zone and the base rural temperature defines the intensity or magnitude of an Urban Heat Island.	Kentsel Isı Adası Şiddeti	En sıcak kentsel bölge ile köysel taban sıcaklığı arasındaki fark Kentsel Isı Adası'nın şiddet veya büyüklüğünü tanımlar.
UV	Ultraviolet Light	MI	Morötesi Işık
VAWT	Vertical Axis Wind Turbine	DERT	Dikey Eksenli Rüzgar Türbini
Vena Contracta	The point in a fluid stream where the diameter of the stream, or the stream cross-section, is the least, and fluid velocity is at its maximum, such as with a stream of fluid exiting a nozzle or other orifice opening.	Jet Çekiği	Bir sıvı akıntısında akarsu çapının veya akarsuyun arakesitinin en düşük değere sahip olduğu ve sıvı hızının da maksimum olduğu nokta; örneğin bir meme ağzından (hortum başından) veya başka bir delikten fışkıran sıvı akımında olduğu gibi.

English	English	Türkçe	Türkçe
Vernal Pool	Temporary pools of water that provide habitat for distinctive plants and animals; a distinctive type of wetland usually devoid of fish, which allows for the safe development of natal amphibian and insect species unable to withstand competition or predation by open water fish.	İlkbahar Havuzu	Bazı özgün bitki ve hayvanlar için yetişme ortamı sağlayan geçici su havuzları; genelikle içinde balık yaşamayan, açık su balıklarının rekabetlerine veya kendilerini yemelerine karşı koyamayacak yeni doğmuş amfibiyanların ve böcek türlerinin güvenlik içinde büyümelerine izin veren özel bir tür sulak alan.
Vertebrates	An animal among a large group distinguished by the possession of a backbone or spinal column, including mammals, birds, reptiles, amphibians, and fishes. (Compare with Invertebrate.)	Omurgalılar	Diğer hayvanlardan omurgaları veya omur ilikleriyle ayrılan büyük bir hayvan grubu. Bu gruba memeliler, kuşlar, sürüngenler, amfibiyanlar, ve balıklar da dahildir. (Omurgasızlarla karşılaştırınız.)
Vertical Axis Wind Turbine	A type of wind turbine where the main rotor shaft is set transverse to the wind (but not necessarily vertically) while the main components are located at the base of the turbine. This arrangement allows the generator and gearbox to be located close to the ground, facilitating service and repair. VAWTs do not need to be pointed into the wind, which removes the need for wind-sensing and orientation mechanisms.	Dikey Eksenli Rüzgar Türbini	Ana unsurları türbinin kaidesinde olan ve ana rotor mili rüzgara çapraz (ama mutlaka dikey değil) monte edilen bir çeşit rüzgar türbini. Bu düzenleme, jeneratör ve vites kutusunun yere yakın bir yerde bulunması nedeniyle tamir ve servisin kolay yapılmasını mümkün kılar. Dikey Eksenli Rüzgar Türbinlerini rüzgarın geldiği yöne çevirmek gerekmediği için rüzgar-hissedici ve rüzgarın olduğu yöne döndürücü mekanizmalara gerek yoktur.

English	English	Türkçe	Türkçe
Vicinal Water	Water which is trapped next to or adhering to soil or biosolid particles.	Komşu su	Toprağa veya biyokatı tanelerine yapışan veya yakınında hapsedilmiş su.
Virus	Any of various submicroscopic agents that infect living organisms, often causing disease, and that consist of a single or double strand of RNA or DNA surrounded by a protein coat. Unable to replicate without a host cell, viruses are often not considered to be living organisms.	Virüs	Çoğu zaman hastalığa sebep olan ve canlı organizmalara hastalık bulaştıran mikroskopla görülemeyecek kadar küçük muhtelif ajanlardan biri. Virüsler tek veya çift iplikli ve bir protein kılıfının içinde bulunan RNA veya DNA molekülünden oluşurlar. Kendilerine ev sahipliği yapacak bir hücre olmadan kendilerini kopyalayamadıkları için virüsler çoğu zaman yaşayan canlı bir organizma sayılmazlar.
Viscosity	A measure of the resistance of a fluid to gradual deformation by shear stress or tensile stress; analogous to the concept of "thickness" in liquids, such as syrup versus water.	Akışmazlık	Bir sıvının, kesme gerilimi veya çekme geriliminin sebep olacağı tedrici bozulmaya olan direncinin ölçüsü; bu, örneğin suyun şurupla kıyaslanmasında kullanılabilecek "sıvı kalınlığı" kavramıyla kıyaslanabilir.
Volcanic Rock	Rock formed from the hardening of molten rock.	Volkanik Kaya	Erimiş kayanın sertleşmesinden oluşan kaya.

English	English	Türkçe	Türkçe
Volcanic Tuff	A type of rock formed from compacted volcanic ash which varies in grain size from fine sand to coarse gravel.	Volkanik Tüf	Tanecik büyüklüğü ince kum ile kaba çakıl taşı arasında değişen sıkıştırılmış volkanik külden oluşan bir çeşit kaya.
Wastewater	Water which has become contaminated and is no longer suitable for its intended purpose.	Atıksuyu	Kirlenmiş bir hale gelmiş ve niyetlenilen amacına artık uygun olmayan su.
Water Cycle	The water cycle describes the continuous movement of water on, above and below the surface of the Earth.	Su Çevrimi	Su Çevrimi suyun yeryüzünün üzerinde, yüzeyinde, ve altındaki sürekli hareketini tarif eder.
Water Hardness	The sum of the Calcium and Magnesium ions in the water; other metal ions also contribute to hardness but are seldom present in significant concentrations.	Su Sertliği	Sudaki Kalsiyum ve Magnezyum iyonlarının toplamı; diğer metal iyonları da sertliğe katkıda bulunur ama çoğu zaman önemli miktarlarda bulunmazlar.
Water Softening	The removal of Calcium and Magnesium ions from water (along with any other significant metal ions present).	Su Yumuşatma	Sudan Kalsiyum ve Magnezyum iyonlarının (diğer önemli miktarda mevcut metal iyonlarıyla beraber) çıkarılması.
Weathering	The oxidation, rusting, or other degradation of a material due to weather effects.	Kötü Havadan Aşınma	Hava koşullarının etkisiyle bir cismin oksitlenmesi, paslanması, veya yıpranması.

English	English	Türkçe	Türkçe
Wind Farm	An array of Wind Turbines erected at a specific location to generate electricity.	Rüzgar Çiftliği	Belli bir mevkide elektrik üretmek için dikilmiş Rüzgar Türbini dizini.
Wind Turbine	A mechanical device designed to capture energy from wind moving past a propeller or vertical blade of some sort, thereby turning a rotor inside a generator to generate electrical energy.	Rüzgar Türbini	Rüzgarın pervane veya bir çeşit dikey pervane kanadına çarptığı zaman jeneratörün içindeki bir rotoru döndürerek enerji üretmek üzere tasarımlanmış mekanik aygıt.

CHAPTER 4

TURKISH TO ENGLISH

Türkçe	Türkçe	English	English
(AOYS) Atlantik Onlarca Yıllık Salınımı	Değişik modlar ve değişik onlarca yıllık zaman ölçeklerine bağlı olarak Kuzey Atlantik Okyanusu'ndaki deniz yüzeyi sıcaklığını etkilediği düşünülen bir okyanus akımı.	AMO (Atlantic Multidecadal Oscillation)	An ocean current that is thought to affect the sea surface temperature of the North Atlantic Ocean based on different modes and on different multidecadal timescales.
"Bulaştır-mak" a karşı "İstila Etmek"	"Bulaştırmak," mikroplar veya virüsler gibi hastalık-yaratan organizmalarla kirletmek demektir. "İstila etmek" ise, örneğin sıçanların bir evi veya farelerin bir mahalleyi kaplamaları gibi, istenmeyen bir şeyin çok fazla sayıda var olmasını ifade eder.	Infect vs. Infest	To *"Infect"* means to contaminate with disease-producing organisms, such as germs or viruses. To *"Infest"* means for something unwanted to be present in large numbers, such as mice infesting a house or rats infesting a neighborhood.
AE	Atomik Emilme Spektrofotometresi; katı ve sıvılardaki belirli metalleri test etmek için kullanılan bir alet.	AA	Atomic Absorption Spectrophotometer; an instrument to test for specific metals in soils and liquids.

Türkçe	Türkçe	English	English
Akışmazlık	Bir sıvının, kesme gerilimi veya çekme geriliminin sebep olacağı tedrici bozulmaya olan direncinin ölçüsü; bu, örneğin suyun şurupla kıyaslanmasında kullanılabilecek "sıvı kalınlığı" kavramıyla kıyaslanabilir.	Viscosity	A measure of the resistance of a fluid to gradual deformation by shear stress or tensile stress; analogous to the concept of "thickness" in liquids, such as syrup versus water.
Alçalıp Yükselmek	Döngüsel bir şekilde önce azalıp sonra çoğalmak, örneğin gelgitlerde olduğu gibi.	Ebb and Flow	To decrease then increase in a cyclic pattern, such as tides.
Amfoterizm	Bir molekül veya iyonun hem asit hem de baz olarak reaksiyon gösterme hali.	Amphoterism	When a molecule or ion can react both as an acid and as a base.
Anaerobik Zar Biyorea-ktörü	Gaz-sıvı-katıları ayırmak ve reaktör biokütle muhafaza işlevlerini yerine getirmek için zar bariyer kullanan yüksek-hızlı bir anaerobik atıksuyu temizleme işlemi.	Anaerobic Membrane Bioreactor	A high-rate anaerobic wastewater treatment process that uses a membrane barrier to perform the gas-liquid-solids separation and reactor biomass retention functions.
Anammox	"Anaerobic Ammonium Oxidation" tümcesinin kısaltılmış hali. Nitrojen çevriminde önemli bir mikrobiyal süreçtir. Aynı zamanda da anammox-bazlı amonyum giderme teknolojisinin ticari markalı ismidir.	Anammox	An abbreviation for "Anaerobic Ammonium Oxidation", an important microbial process of the nitrogen cycle; also, the trademarked name for an anammox-based ammonium removal technology.

Türkçe	Türkçe	English	English
AnMBR	Anaerobik Zar Biyoreaktörü	AnMBR	Anaerobic Membrane Bioreactor
Anoksik	Oksijen konsantrasyonunun tamamen tükenmesi; genelikle suda görülen bir durumdur. Anoksik bir ortamda yaşayan bakteriler için kullanılan "Anaerobik" deyiminden farklıdır.	Anoxic	A total depletion of the concentration of oxygen, typically associated with water. Distinguished from "anaerobic" which refers to bacteria that live in an anoxic environment.
Antropo-inkar	İnsanlardaki "antropojenik" özelliklerin inkarı.	Anthropo-denial	The denial of anthropogenic characteristics in humans.
Antropojenik	İnsanların faaliyetleri sonucunda meydana gelen.	Anthropo-genic	Caused by human activity.
Antropoloji	İnsan hayatı ve tarihini inceleyen bilim.	Anthropo-logy	The study of human life and history.
Anyon	Negatif yüklü iyon.	Anion	A negatively charged ion.
Aradoku Suyu	Toprak veya biyokatı taneciklerinin aralarındaki gözeneklere hapsolan su.	Interstitial Water	Water trapped in the pore spaces between soil or biosolid particles.
Asalak Olmayan Konuk Bitki	Bir üst bitken.	Aerophyte	An Epiphyte
Asalak Olmayan Konuk Bitki	Başka bir bitki veya cisim tarafından asalak olmayan bir şekilde desteklenen, toprak üzerinde büyüyen, besin ve suyunu yağmur, hava, ve tozdan alan bir bitki; bir "Hava Bitkisi."	Epiphyte	A plant that grows above the ground, supported non-parasitically by another plant or object and deriving its nutrients and water from rain, air, and dust; an "Air Plant."

Türkçe	Türkçe	English	English
Atıksuyu	Kirlenmiş bir hale gelmiş ve niyetlenilen amacına artık uygun olmayan su.	Wastewater	Water which has become contaminated and is no longer suitable for its intended purpose.
Ayırma	Bir kimyasal maddeyi atmosferde veya çevrede hapsetme ve doğal veya yapay bir depolama sahasında tecrit etme işlemi; örneğin, karbonun çevreye zarar vermesini önlemek için karbon ayırma işlemiyle temizlenmesi.	Sequestration	The process of trapping a chemical in the atmosphere or environment and isolating it in a natural or artificial storage area, such as with carbon sequestration to remove the carbon from having a negative effect on the environment.
Ayırma Maddesi	Bakınız: Kelat	Sequestering Agents	See: Chelates
Bakteri	Hücre duvarlarına sahip ancak hücre örgenine ve düzenli bir çekirdeğe sahip olmayan ve bazıları da hastalığa sebep olabilen tek hücreli bir mikroorganizma.	Bacterium(a)	A unicellular microorganism that has cell walls, but lacks organelles and an organized nucleus, including some that can cause disease.
Baş Basıncı (Hidrolik)	Basıncın ölçüldüğü noktanın üzerindeki sıvı sütununun yüksekliği ile ifade edilen, bir sıvı sütununun yarattığı basınç gücü.	Head (Hydraulic)	The force exerted by a column of liquid expressed by the height of the liquid above the point at which the pressure is measured.
Başkalaşma (Metamorfoz)	Bir hayvanın doğduktan veya yumurtadan çıktıktan sonra fiziksel olarak gelişmesini sağlayan, ve hücre büyümesi ve farklılaşması yoluyla gövde yapısında çarpıcı ve nispeten ani bir değişikliğe yol açan bir biyolojik süreç.	Metamorphosis	A biological process by which an animal physically develops after birth or hatching, involving a conspicuous and relatively abrupt change in body structure through cell growth and differentiation.

Türkçe	Türkçe	English	English
Başkalaşmış Kaya	150 veya 200 Derece Santigratdan daha fazla sıcaklığa ve 1500 bar'dan daha fazla basınca maruz kalmış, şiddetli fiziksel ve/veya kimyasal değişime uğrayan kayaya Başkalaşmış (Metaforik) Kaya denir. Orijinal kaya, tortul, volkanik/ magmatik, veya daha başka ve daha yaşlı bir metaforik kaya olabilir.	Metamorphic Rock	Metamorphic rock is rock which has been subjected to temperatures greater than 150 to 200°C and pressure greater than 1500 bars, causing profound physical and/or chemical change. The original rock may be sedimentary, igneous rock or another, older, metamorphic rock.
Bataklık	Alçak yükseklikteki veya deniz seviyesindeki arazi. Özellikle odunsu bitkilerin yaygın olduğu bu tür arazileri sık sık sel basar.	Swamp	An area of low-lying land; frequently flooded, and especially one dominated by woody plants.
Belirteç (Ayıraç)	Kimyasal analizde veya diğer reaksiyonlarda kullanılan bir madde veya karışım.	Reagent	A substance or mixture for use in chemical analysis or other reactions.
Beneklenme	Toprak beneklenmesi dikey bir toprak örnekleminin yer yer renk atması ya da solmasıdır; genellikle yeraltı suyu ile temastan olduğu düşünülen oksidasyon belirtisidir ki mevsimlik yüksek yeraltı su tablasına olan derinliğin bir göstergesi olabilir.	Mottling	Soil mottling is a blotchy discoloration in a vertical soil profile; it is an indication of oxidation, usually attributed to contact with groundwater, which can indicate the depth to a seasonal high groundwater table.

Türkçe	Türkçe	English	English
Bentik (sıfat)	İçinde muhtelif "bentik" organizmaların yaşadığı bir su kütlesinin altındaki çökelti ve toprak tabakalarını betimleyen bir sıfat.	Benthic	An adjective describing sediments and soils beneath a water body where various "benthic" organisms live.
Biçimbilim	Bir organizmanın biçim ve yapısını ve yapılar arasındaki ilişkileri inceleyen biyoloji dalı.	Morphology	The branch of biology that deals with the form and structure of an organism, and with the relationships between their structures.
Birim Ağırlık	Bakınız: Özgül Ağırlık	Unit Weight	See: Specific Weight
Biyodö-nüşüm	Bir atıksu temizleme sürecinde besin maddeleri, amino asitler, toksinler, ecza/ilaç ve uyuşturucu madde gibi bileşimleri biyolojik temelli kimyasal yöntemlerle değiştirmek.	Biotrans-formation	The biologically driven chemical alteration of compounds such as nutrients, amino acids, toxins, and drugs in a wastewater treatment process.
Biyofilm	Damlatmalı filtredeki filtre malzemesinin veya yavaş kum filtresindeki biyolojik balçığın yüzeyi gibi bir satıhda hücreleri birbirine yapışan herhangi bir grup mikroorganizma.	Biofilm	Any group of microorganisms in which cells stick to each other on a surface, such as on the surface of the media in a trickling filter or the biological slime on a slow sand filter.
Biyofil-trasyon	Süreç kirleticilerini yakalayıp biyolojik olarak ayrıştırmak için canlı malzeme kullanan bir kirlilik kontrol tekniği.	Biofiltration	A pollution control technique using living material to capture and biologically degrade process pollutants.
Biyofiltre	Bakınız: Damlatmalı Filtre	Biofilter	See: Trickling Filter

Türkçe	Türkçe	English	English
Biyokimyasal (sıfat)	Canlı organizmalarda görülen biyolojik-kökenli kimyasal süreçlere ilişkin.	Biochemical	Related to the biologically driven chemical processes occurring in living organisms.
Biyokütle	Canlı veya yakın zamana kadar canlı olan organizmalardan elde edilen organik madde.	Biomass	Organic matter derived from living, or recently living, organisms.
Biyolojik Kömür	Toprağı bütünlemek ya da zenginleştirmek için kullanılan odun kömürü.	Biochar	Charcoal used as a soil supplement
Biyoreaktör	Genellikle su veya atıksuların arıtılma veya temizlenme amacıyla içinde biyolojik işleme tabi tutulduğu hazne, küvet, gölet, veya gölcük.	Bioreactor	A tank, vessel, pond or lagoon in which a biological process is being performed, usually associated with water or wastewater treatment or purification.
Biyorekro	Karbondiyoksiti atmosferden ayrıştıran ve daimi olarak yeraltında depolayan tescilli bir süreç.	Biorecro	A proprietary process that removes CO_2 from the atmosphere and store it permanently below ground.
Biyotopa-klanma	İnce ve dağılmış organik taneciklerin özgül bakteri ve yosunların hareketiyle kümeleşmeleri. Bu, organik katıların atıksuyu içinde çoğu zaman daha hızlı ve fazla çökelmesine yol açar.	Bioflocculation	The clumping together of fine, dispersed organic particles by the action of specific bacteria and algae, often resulting in faster and more complete settling of organic solids in wastewater.

Türkçe	Türkçe	English	English
Biyoyakıt	Kömür ve petrol gibi jeolojik süreçlerle üretilen fosil yakıtlar değil de organik maddenin anaerobik hazmı gibi güncel biyolojik süreçler yoluyla üretilen bir yakıt.	Biofuel	A fuel produced through current biological processes, such as anaerobic digestion of organic matter, rather than being produced by geological processes such as fossil fuels, such as coal and petroleum.
Böcekbilim	Hayvanbilimin böcekleri inceleyen dalı.	Entomology	The branch of zoology that deals with the study of insects.
Boğulmuş Akış	Bir sıvı akışının bir vanadan önce basıncı değiştirerek veya vanadan sonra sınırlayarak artırılamaması hali. Sınırlamadan önceki akışa "Kritik Alt Akım" sınırlamadan sonraki akışa da "Kritik Akım" denir.	Choked Flow	Choked flow is that flow at which the flow cannot be increased by a change in Pressure from before a valve or restriction, to after it. Flow below the restriction is called Subcritical Flow; above the restriction is called Critical Flow.
Boşluk Hacmi	Bir toprak karışımında veya profilindeki toprak tanelerinin arasındaki boşluklar.	Pore Space	The interstitial spaces between grains of soil in a soil mixture or profile.
BOT	Biyolojik Oksijen Talebi; sudaki organik kirleticilerin ne kadar kuvvetli olduğunun bir ölçüsü.	BOD	Biological Oxygen Demand; a measure of the strength of organic contaminants in water.
Büyüklük Kertesi	On (10) sayısının katları. Örneğin, 10 sayısı 1 sayısından bir büyüklük kertesi daha büyüktür ve 1000 rakamı 1 sayısından üç büyüklük kertesi daha büyüktür. Bu diğer sayılar için de geçerlidir. Örneğin, 50 rakamı 4 sayısından bir büyüklük kertesi daha büyüktür.	Order of Magnitude	A multiple of ten. For example, 10 is one order of magnitude greater than 1 and 1000 is three orders of magnitude greater than 1. This also applies to other numbers, such that 50 is one order of magnitude higher than 4, for example.

Türkçe	Türkçe	English	English
Buzul	Dağlarda veya kutuplara yakın bölgelerde karın birikmesi ve sıkıştırılması ile oluşan ve çok yavaş hareket eden bir buz-nehir kütlesi.	Glacier	A slowly moving mass or river of ice formed by the accumulation and compaction of snow on mountains or near the poles.
Buzul Artığı	Bir buzuldan erime suyu tarafından taşınarak morenin ötesine bırakılan madde.	Glacial Outwash	Material carried away from a glacier by meltwater and deposited beyond the moraine.
Buzul Çekilim Gölcüğü	Çekilen buzullar veya süzülüp çekilen sel sularının yarattığı, derin olmayan ve içi çökelti dolu su birikintisi. Bu akarsu-buzul birikintilerinden oluşan çukurlar ("kettle"), çekilen bir buzulun ön yüzünden parçalanarak (ayrılarak) doğan ve buzul artığı tarafından kısmen veya tamamen gömülen buz blokları tarafından oluşturulur.	Kettle Hole	A shallow, sediment-filled body of water formed by retreating glaciers or draining floodwaters. Kettles are fluvioglacial landforms occurring as the result of blocks of ice calving from the front of a receding glacier and becoming partially to wholly buried by glacial outwash.
Buzul-Kökenli Zemin	Eriyen buzul sularının oluşturduğu drumlin (dar tepe) veya moren (buzultaş) gibi arazi şekilleri.	Fluvioglacial Landforms	Landforms molded by glacial meltwater, such as drumlins and Eskers.
Buzultaş	Durgun, eriyen bir buzulun altından veya içinden eriyip akan bir su akıntısının meydana getirdiği, kum ve çakıldan oluşan ve bazan iri kayaları da içeren dağ sırtı.	Esker	A long, narrow ridge of sand and gravel, sometimes with boulders, formed by a stream of water melting from beneath or within a stagnant, melting, glacier.

Türkçe	Türkçe	English	English
Buzultaş (Moren)	Bir buzul tarafından, tipik olarak buzulun kenar veya uçlarına sırt/kabartı olarak bırakılan/çökeltilen kaya ve çökelti kütlesi.	Moraine	A mass of rocks and sediment deposited by a glacier, typically as ridges at its edges or extremity.
Buzyalağı	Bir dağın yamacında buzul aşınmasıyla oluşan amfitiyatro şeklinde vadi.	Cirque	An amphitheater-like valley formed on the side of a mountain by glacial erosion.
Çamur Bataklık	Canlı, turbaya-dönüşen bitkilerle kaplı ama orman örtüsüne sahip olmayan sulak arazi. İki türlü çamur bataklık vardır: düzbataklık ve turbalık.	Mires	A wetland terrain without forest cover dominated by living, peat-forming plants. There are two types of mire: Fen and Bog.
Çevrebilim	Organizmalarla çevreleri arasındaki etkileşimlerin bilimsel olarak incelenmesi ve irdelenmesi.	Ecology	The scientific analysis and study of interactions among organisms and their environment.
Çökelme	Askıda duran taneciklerin içine katıldıkları sıvıdan ayrılarak çökelmeleri ve elektromanyetizm, merkezkaç ivmesi, veya yerçekiminin etkisiyle bir bariyere gelip durma eğilimi.	Sedimentation	The tendency for particles in suspension to settle out of the fluid in which they are entrained and come to rest against a barrier due to the forces of gravity, centrifugal acceleration, or electromagnetism.
Çözelti Yoğunluğu	Molarite	Amount Concentration	Molarity
Dağ gölü	Bir buzul tarafından kazılmış bir buzyalağında oluşmuş bir dağ gölü veya havuzu.	Tarn	A mountain lake or pool, formed in a Cirque excavated by a glacier.

Türkçe	Türkçe	English	English
Damlatmalı filtre	Kayalar, lava, kok kömürü, çakıl, cüruf, poliüretan köpük, bataklık turba yosunu, seramik, veya plastik maddelerden yapılmış bir sabit tabandan oluşan, üzerine lağım veya benzeri atıksuların yavaşça damlatıldığı ve mikrobiyal bir sümük tabakasının (biyofilmin) büyüyüp bu tabanı kaplayarak besleyicileri ve zararlı bakterileri ayıkladığı bir çeşit atıksu arıtma sistemi.	Trickling Filter	A type of wastewater treatment system consisting of a fixed bed of rocks, lava, coke, gravel, slag, polyurethane foam, sphagnum peat moss, ceramic, or plastic media over which sewage or other wastewater is slowly trickled, causing a layer of microbial slime (biofilm) to grow, covering the bed of media, and removing nutrients and harmful bacteria in the process.
Dar Tepe	Buzul hareketlerinden meydana gelen jeolojik bir oluşum. Bu oluşumda iyi-karıştırılmış ve çeşitli büyüklükteki taşlardan meydana gelen bir çakıl formasyonu buzul eridikçe ortaya uzatılmış, yumurta veya gözyaşı damlası biçiminde bir tepe çıkarır. Tepenin küt tarafı buzulun arazi üzerinden akıp geldiği yönü işaret eder.	Drumlin	A geologic formation resulting from glacial activity in which a well-mixed gravel formation of multiple grain sizes that forms an elongated or ovular, teardrop shaped, hill as the glacier melts; the blunt end of the hill points in the direction the glacier originally moved over the landscape.
Denizsel Makrofit	Denizsel makrofitler çoğunluğu makro suyosunları, suotları, ve hindistan sakız ağacı (rizofora)'ndan oluşan ve kıyı bölgelerinde sığ sularda büyüyen binlerce makrofit türünden oluşur.	Marine Macrophyte	Marine macrophytes comprise thousands of species of macrophytes, mostly macroalgae, seagrasses, and mangroves, that grow in shallow water areas in coastal zones.

Türkçe	Türkçe	English	English
Denk Bağı	Bir atom çifte elektronu olmayan başka bir atomla çifte elektron paylaştığı zaman bu iki atom arasında oluşan eşdeğerli bir kimyasal bağ. Aynı zamanda "ortaklaşık bağ" olarak da bilinir.	Coordinate Bond	A covalent chemical bond between two atoms that is produced when one atom shares a pair of electrons with another atom lacking such a pair. Also called a coordinate covalent bond.
DERT	Dikey Eksenli Rüzgar Türbini	VAWT	Vertical Axis Wind Turbine
Dikey Eksenli Rüzgar Türbini	Ana unsurları türbinin kaidesinde olan ve ana rotor mili rüzgara çapraz (ama mutlaka dikey değil) monte edilen bir çeşit rüzgar türbini. Bu düzenleme, jeneratör ve vites kutusunun yere yakın bir yerde bulunması nedeniyle tamir ve servisin kolay yapılmasını mümkün kılar. Dikey Eksenli Rüzgar Türbinlerini rüzgarın geldiği yöne çevirmek gerekmediği için rüzgar-hissedici ve rüzgarın olduğu yöne döndürücü mekanizmalara gerek yoktur.	Vertical Axis Wind Turbine	A type of wind turbine where the main rotor shaft is set transverse to the wind (but not necessarily vertically) while the main components are located at the base of the turbine. This arrangement allows the generator and gearbox to be located close to the ground, facilitating service and repair. VAWTs do not need to be pointed into the wind, which removes the need for wind-sensing and orientation mechanisms.
Diyoksan	Bir heterosiklik (değişik halkalı) bileşim; çok hafif tatlı kokan renksiz bir sıvı.	Dioxane	A heterocyclic organic compound; a colorless liquid with a faint sweet odor.

Türkçe	Türkçe	English	English
Diyoksin	Diyoksinler ve diyoksin-gibi bileşimler (DGB) çeşitli sanayi süreçlerinin birer yan ürünü olup çevresel kirleticiler ve kalıcı organik kirleticilerdir (KOK) ve ekseriya çok zehirli bileşimler olarak değerlendirilirler.	Dioxin	Dioxins and dioxin-like compounds (DLCs) are by-products of various industrial processes, and are commonly regarded as highly toxic compounds that are environmental pollutants and persistent organic pollutants (POPs).
Dönme Momenti	Büküm gücünün bir cismi bir eksen, dayanma noktası veya mihver etrafında döndürme eğilimi.	Torque	The tendency of a twisting force to rotate an object about an axis, fulcrum, or pivot.
Düz Bataklık Arazi	Deniz seviyesinin altında, kısmen veya tamamen suyla kaplı, ve genellikle turbalı alkali toprakdan oluşan arazi. Düz Bataklık Arazi eğimli, düz, veya çökmüş bir konumda olabilir ve suyunu hem yağmurlardan hem de yüzey suyundan alır.	Fen	A low-lying land area that is wholly or partly covered with water and usually exhibits peaty alkaline soils. A fen is located on a slope, flat, or depression and gets its water from both rainfall and surface water.
Ebediyet	Genellikle milyonlarca yılla ölçülen çok uzun bir zaman birimi.	Eon	A very long time period, typically measured in millions of years.
Ekonomi Bilimi	Üretim, tüketim ve varlık aktarımını inceleyen bilgi dalı.	Economics	The branch of knowledge concerned with the production, consumption, and transfer of wealth.

Türkçe	Türkçe	English	English
Eksosfer	Yerküreyi kuşatan ince, atmosfere-benzer, içindeki moleküllerin gezegene yerçekimiyle bağlı olduğu ancak yoğunluklarının çok düşük olması nedeniyle birbirleriyle çarpışarak sanki bir gaz gibi davranamadıkları hacim.	Exosphere	A thin, atmosphere-like volume surrounding Earth where molecules are gravitationally bound to the planet, but where the density is too low for them to behave as a gas by colliding with each other.
El Ninya	El Ninyo Güney Salınımı'nın serin evresi. Doğu Pasifikte deniz yüzeyi ısısının ortalama sıcaklığın altına düşmesi, Doğu Pasifikte hava basıncının yükselmesi ve Batı Pasifikte düşmesinden kaynaklanır.	El Niña	The cool phase of El Niño Southern Oscillation associated with sea surface temperatures in the eastern Pacific below average and air pressures high in the eastern and low in western Pacific.
El Ninyo	El Ninyo Güney Salınımı'nın sıcak evresi. Güney Amerika'nın Pasifik kıyısı açıklarını da kapsamak üzere Merkezi ve Doğu-Merkez Ekvatoral Pasifik bölgesinde oluşan bir sıcak okyanus suyu bantından kaynaklanır. El Ninyo'ya, Batı Pasifikte yüksek hava basıncı ve Doğu Pasifikte de düşük hava basıncı eşlik eder.	El Niño	The warm phase of the El Niño Southern Oscillation, associated with a band of warm ocean water that develops in the central and east-central equatorial Pacific, including off the Pacific coast of South America. El Niño is accompanied by high air pressure in the western Pacific and low air pressure in the eastern Pacific.

Türkçe	Türkçe	English	English
El Ninyo Güney Salınımı	El Ninyo Güney Salınımı, tropik Merkezi ve Doğu Pasifik Okyanusu'nun deniz yüzeyi sıcaklığı olarak ölçülen "sıcaklık ve soğukluk döngüsü"ne işaret etmektedir.	El Niño Southern Oscillation	The El Niño Southern Oscillation refers to the cycle of warm and cold temperatures, as measured by sea surface temperature, of the tropical central and eastern Pacific Ocean.
ENGS	El Ninyo Güney Salınımı	ENSO	El Niño Southern Oscillation
Entropi (Dağıntı)	Bir sistemde mekanik işe dönüştürmek için kullanılamayacak olan termik enerjiyi temsil eden termodinamik nicelik. Entropi genellikle bir sistemdeki rastlantısallık veya düzensizlik derecesi olarak değerlendirilir. Termodinamiğin ikinci kanununa göre, yalıtılmış bir systemin entropisi hiç bir zaman azalmaz.	Entropy	A thermodynamic quantity representing the unavailability of the thermal energy in a system for conversion into mechanical work, often interpreted as the degree of disorder or randomness in the system. According to the second law of thermodynamics, the entropy of an isolated system never decreases.
Ergin Böcek	Bir böceğin son ve tam gelişkin ve genellikle kanatlı erginlik aşaması.	Imago	The final and fully developed adult stage of an insect, typically winged.
Eşlenik Asit	Bir protonun bir baz tarafından kabul edilmesiyle ortaya çıkan bir tür; esas itibariyle, bir hidrojen iyonu eklenmiş bir baz.	Conjugate Acid	A species formed by the reception of a proton by a base; in essence, a base with a hydrogen ion added to it.
Eşlenik Baz	Bir protonun bir asitden çıkarılmasıyla elde edilen bir tür; esas itibariyle, içinden hidrojen iyonu çıkarılmış bir asit.	Conjugate Base	A species formed by the removal of a proton from an acid; in essence, an acid minus a hydrogen ion.

Türkçe	Türkçe	English	English
Eşözdek	Aynı fiziksel halde ama farklı yapısal değişikliklerle iki veya daha fazla değişik yapıda var olabilen kimyasal element.	Allotrope	A chemical element that can exist in two or more different forms, in the same physical state, but with different structural modifications.
Ester	Genellikle çok hoş kokulu, asit ve alkolün tepkimesinden oluşan bir çeşit organik bileşim.	Ester	A type of organic compound, typically quite fragrant, formed from the reaction of an acid and an alcohol.
Etkinleş-tirilmiş Balçık	Lağım ve endüstriyel su atıklarını arıtmak için hava ile bakteri ve protozoa'nın oluşturduğu biyolojik bir topak kullanan bir işlem.	Activated Sludge	A process for treating sewage and industrial wastewaters using air and a biological floc composed of bacteria and protozoa.
Eylemsizlik Kuvveti	İvmelenen veya dönen bir referans çerçevesindeki bir gözlemci tarafından algılanan güç. Bu Newton'un ikinci hareket kanununu doğrulamakta kullanılan bir kavramdır. Buna bir örnek, ivmeyle hızlanan bir arabada geriye doğru itilme algısıdır.	Inertial Force	A force as perceived by an observer in an accelerating or rotating frame of reference, that serves to confirm the validity of Newton's Second Laws of motion, e.g. the perception of being forced backward in an accelerating vehicle.
Fenokristal	Porfiritik kayalardaki iri kristaller.	Phenocryst	The larger crystals in a porphyritic rock.

Türkçe	Türkçe	English	English
Fotosentez	Genellikle Güneş'den gelen ışık enerjisini bitkilerin ve diğer organizmaların büyümek ve üremek için kimyasal enerjiye çevirdikleri bir süreç.	Photosyn-thesis	A process used by plants and other organisms to convert light energy, normally from the Sun, into chemical energy that can be used by the organism to drive growth and propagation.
Froude Sayısı	Karakteristik hızın yerçekimi dalgası hızına oranı olarak tanımlanan birimsiz rakam. Aynı zamanda bir kütlenin ataletinin yerçekimi kuvvetlerine oranı olarak da tanımlanabilir. Sıvı mekaniğinde Froude Sayısı bir sıvıya yarı batmış bir cismin sıvının içinde hareket ederkenki direcini belirlemek için kullanılır.	Froude Number	A unitless number defined as the ratio of a characteristic velocity to a gravitational wave velocity. It may also be defined as the ratio of the inertia of a body to gravitational forces. In fluid mechanics, the Froude number is used to determine the resistance of a partially submerged object moving through a fluid.
Fulleren Borucuğu	Atomik tanecik-lerden yapılmış ve çapı bir metrenin bir ila birkaç milyarda biri (yani nanometre) büyüklüğünde olan bir silindir. Fulleren Borucuğu muhtelif malzemelerden ve çoğu zaman da Karbon'dan yapılabilir.	Nanotube	A nanotube is a cylinder made up of atomic particles and whose diameter is around one to a few billionths of a meter (or nanometers). They can be made from a variety of materials, most commonly, Carbon.

Türkçe	Türkçe	English	English
Geçişme (Osmoz)	Çözünmüş moleküllerin yarı-geçirgen bir zarın içinden çözünen madde yoğunluğunu zarın her iki tarafında da eşitleme eğilimi yönünde gerçekleşen kendiliğinden net hareketi.	Osmosis	The spontaneous net movement of dissolved molecules through a semi-permeable membrane in the direction that tends to equalize the solute concentrations both sides of the membrane.
Geçişme Basıncı	Suyun yarıgeçirgen bir zardan içeri akmasını önlemek için bir çözeltiye uygulanması gereken asgari basınç. Aynı zamanda bir çözeltinin geçişme (osmoz) yoluyla su alması eğiliminin bir ölçüsü olarak da tanımlanır.	Osmotic Pressure	The minimum pressure which needs to be applied to a solution to prevent the inward flow of water across a semipermeable membrane. It is also defined as the measure of the tendency of a solution to take in water by osmosis.
Gelgit Pompa	Pozitif deplasmanlı pompa	Gerotor	A positive displacement pump.
Gelgitsel	Yükselen veya alçalan okyanus akıntılarının hareketinden (gelgitlerden) etkilenen.	Tidal	Influenced by the action of ocean tides rising or falling.
Getiri Oranı	Yatırımcının yatırımdan elde ettiği faiz, kar payı, veya diğer nakit akışları da dahil olmak üzere genellikle yatırımın değerindeki herhangi bir değişiklikten oluşan yatırım karı.	Rate of Return	A profit on an investment, generally comprised of any change in value, including interest, dividends or other cash flows which the investor receives from the investment.
GK	Gaz Kromatograf—Gazlardaki uçucu ve yarı-uçucu organik bileşikleri ölçmek için kullanılan bir alet.	GC	Gas Chromatograph—an instrument used to measure volatile and semi-volatile organic compounds in gases.

Türkçe	Türkçe	English	English
GK-KS	GK (Gaz Kromatografı) ile birleştirilmiş KS (Kütle Spektrometresi)	GC-MS	A GC coupled with an MS.
Gnays	Granitsi yapı taşı. İri mineral taneciklerin içinde geniş katmanlar halinde düzenlendiği metamorfik kaya. Bu belirli bir mineral kompozisyonuna değil de bir çeşit kaya dokusuna işaret eder.	Gneiss	Gneiss ("nice") is a metamorphic rock with large mineral grains arranged in wide bands. It means a type of rock texture, not a particular mineral composition.
Gri Su	Banyo lavabolarında, duş kabinlerinde, küvetlerde, ve çamaşır makinalarında kullanılan su. Bu gerek tuvaletlerde ve gerekse bebek bezlerinin yıkanması sırasında insan dışkısıyla temas eden su değildir.	Grey Water	Greywater is water from bathroom sinks, showers, tubs, and washing machines. It is water that has not come into contact with feces, either from the toilet or from washing diapers.
Günlük	Her gün tekrar eden, örneğin günlük görevler gibi; günlük bir döngüsü/çevrimi olan, örneğin günlük gelgit'ler gibi.	Diurnal	Recurring every day, such as diurnal tasks, or having a daily cycle, such as diurnal tides.
Güzelduyu (Estetik)	Güzellik ve beğeni bilimi; sanat eseri ve akımlarının yorumlanması.	Aesthetics	The study of beauty and taste, and the interpretation of works of art and art movements.
Hava Bitkisi	Bir üst bitken	Air Plant	An Epiphyte
Hava Devinimsel	Akıp giden hava, su, veya herhangi bir benzeri sıvının sürtünme direncini azaltacak bir şekile sahip olma hali.	Aerodynamic	Having a shape that reduces the drag from air, water or any other fluid moving past.

Türkçe	Türkçe	English	English
Havacıl (isim)	Üremek için oksijene ihtiyacı olan bir organizma türü.	Aerobe	A type of organism that requires Oxygen to propagate.
Havacıl (sıfat)	Serbest oksijene ilişkin; serbest oksijenin içinde yer aldığı; veya serbest oksijen gerektiren.	Aerobic	Relating to, involving, or requiring free oxygen.
Hazen-Williams Katsayısı	Suyun bir borudan akışı ile borunun fiziksel özellikleri ve sürtünmeden kaynaklanan basınç azalması arasındaki deneysel (ampirik) ilişkiyi ifade eden katsayı.	Hazen -Williams Coefficient	An empirical relationship which relates the flow of water in a pipe with the physical properties of the pipe and the pressure drop caused by friction.
Heterosiklik Halka	Birden fazla çeşit atomların oluşturduğu halka; içinde en az bir tane karbon-olmayan atom olan karbon atomları halkası.	Heterocyclic Ring	A ring of atoms of more than one kind; most commonly, a ring of carbon atoms containing at least one non-carbon atom.
Heterosiklik Organik Bileşim	Halkasal atomik yapılı ve halkalarında en az iki değişik elementin atomları bulunan bir madde.	Heterocyclic Organic Compound	A heterocyclic compound is a material with a circular atomic structure that has atoms of at least two different elements in its rings.
Heterotrof (Dışbeslek) Organizma	Beslenmek için organik bileşimler yiyen organizmalar.	Heterotrophic Organism	Organisms that utilize organic compounds for nourishment.
Hidroelektrik (isim)	Düşen veya akan suyun yerçekimsel gücünü kullanarak elde edilen elektriğe "hidroelektrik" denir.	Hydro-electricity	Hydroelectricity is electricity generated through the use of the gravitational force of falling or flowing water.
Hidroelektrik (sıfat)	Hidroelektrik güçle çalışan sistem veya makinaları tarif eden bir sıfat.	Hydroelectric	An adjective describing a system or device powered by hydroelectric power.

Türkçe	Türkçe	English	English
Hidrojenli (Hidrik) Toprak	Sürekli veya mevsimsel olarak suya doymuş ve dolayısıyla anaerobik (havasız) bir durumda olan toprak. Sulak bataklık arazisinin sınırlarını belirlemek için kullanılır.	Hydric Soil	Hydric soil is soil which is permanently or seasonally saturated by water, resulting in anaerobic conditions. It is used to indicate the boundary of wetlands.
Hidrokırılma	Bakınız: Hidrolik Kırma	Hydrofrac-turing	See: Fracking
Hidrolik (Sıvıbilim)	Sıvı veya akışkanların mekanik özelliklerini inceleyen uygulamalı bilim ve mühendislik konusu.	Hydraulics	Hydraulics is a topic in applied science and engineering dealing with the mechanical properties of liquids or fluids.
Hidrolik Dolum	Galon/ayak (foot) kare/dakika (yani, bir dakikada ayak kare başına düşen gallon miktarı) gibi, bir birim zamanda, filitre, toprak veya başka bir maddenin bir birim alanına salınan sıvı miktarının ölçüsüdür.	Hydraulic Loading	The volume of liquid that is discharged to the surface of a filter, soil, or other material per unit of area per unit of time, such as gallons/square foot/minute.
Hidrolik İletkenlik	Hidrolik İletkenlik toprak ve kayaların bir özelliğidir; bir sıvının (genellikle su) gözenek boşlukları ve çatlaklardan ne kadar rahat geçebildiğinin bir ölçüsüdür. Bu iletkenlik, söz konusu toprak veya kayaların içsel geçirgenliği, doyum (saturasyon) derecesi ile sıvının yoğunluk ve akışmazlığına göre değişir.	Hydraulic Conductivity	Hydraulic conductivity is a property of soils and rocks, which describes the ease with which a fluid (usually water) can move through pore spaces or fractures. It depends on the intrinsic permeability of the material, the degree of saturation, and on the density and viscosity of the fluid.

Türkçe	Türkçe	English	English
Hidrolik Kırma	Kayaların basınçlı sıvı ile kırıldığı bir kuyu-uyarma (stimülasyon) tekniği.	Fracking	Hydraulic fracturing is a well-stimulation technique in which rock is fractured by a pressurized liquid.
Hidrolik Parçalama	Bakınız: Hidrolik Kırma	Hydraulic Fracturing	See: Fracking
Hidrolog (Subilimci)	Subilimiyle uğraşan biliminsanı.	Hydrologist	A practitioner of hydrology.
Hidroloji (Subilimi)	Suların miktarını, dağılımını, ve hareketlerini inceleyen bilimsel araştırma dalı.	Hydrology	Hydrology is the scientific study of the movement, distribution, and quality of water.
Hipertropizm	Bakınız: Ötrofikasyon	Hypertrophi-cation	See: Eutrophication
İç Karlılık Oranı	Dış etmenleri hesaba katmayan bir getiri oranı hesaplama yöntemi; bir alışverişte ortaya çıkan faiz oranı, alışverişin sonuçlarının belli bir faiz oranına göre hesaplanması yerine, alışverişin terimlerinden hesaplanır.	Internal Rate of Return	A method of calculating rate of return that does not incorporate external factors; the interest rate resulting from a transaction is calculated from the terms of the transaction, rather than the results of the transaction being calculated from a specified interest rate.
İlkbahar Havuzu	Bazı özgün bitki ve hayvanlar için yetişme ortamı sağlayan geçici su havuzları; genelikle içinde balık yaşamayan, açık su balıklarının rekabetlerine veya kendilerini yemelerine karşı koyamayacak yeni doğmuş amfibiyanların ve böcek türlerinin güvenlik içinde büyümelerine izin veren özel bir tür sulak alan.	Vernal Pool	Temporary pools of water that provide habitat for distinctive plants and animals; a distinctive type of wetland usually devoid of fish, which allows for the safe development of natal amphibian and insect species unable to withstand competition or predation by open water fish.

Türkçe	Türkçe	English	English
İnatçı Artıklar	Çevreden gitmeyen veya doğal olarak çok yavaş çözünen ve atıksu arıtma tesislerinde çözünmesi çok zor olan atıklar.	Recalcitrant Wastes	Wastes which persist in the environment or are very slow to naturally degrade and which can be very difficult to degrade in wastewater treatment plants.
İndikatör (Göstergeç) Organizma	Hastalığa yol açan (patojenik) diğer organizmalar var olduğunda genellikle var olan, hastalığa yol açan (patojenik) diğer organizmalar yok olduğunda da yok olan, ve kolaylıkla ölçülebilen bir organizma türü.	Indicator Organism	An easily measured organism that is usually present when other pathogenic organisms are present and absent when the pathogenic organisms are absent.
İnsanbiçi-mcilik (Antropo-morfizm)	İnsani olmayan nesnelere (örneğin hayvanlara) insani özellikler veya davranışlar atfetmek.	Anthropo-morphism	The attribution of human characteristics or behavior to a non-human object, such as an animal.
Isı Adası	Bakınız: Şehirsel Isı Adası	Heat Island	See: Urban Heat Island
Isı İçeriği	Termodinamik bir systemin sahip olduğu enerjinin bir ölçüsü.	Enthalpy	A measure of the energy in a thermodynamic system.
Isıalan Tepkimeler	Bir sistemin çevresinden enerji emdiği süreç veya reaksiyon; bu enerji (her zaman olmasa da) genellikle ısı formunda olur.	Endothermic Reactions	A process or reaction in which a system absorbs energy from its surroundings; usually, but not always, in the form of heat.
Isıgeçirmez	Bir gözlem süresince belli bir sisteme ısının girmemesi veya o sistemden çıkmaması süreci veya şartına ilişkin olma veya böyle bir duruma işaret etme hali.	Adiabatic	Relating to or denoting a process or condition in which heat does not enter or leave the system concerned during a period of study.

Türkçe	Türkçe	English	English
Isıgeçir-mezlik Süreci	Bir sistemle çevresi arasında hiç bir ısı veya madde alışverişi olmadan cereyan eden termodinamik bir süreç.	Adiabatic Process	A thermodynamic process that occurs without transfer of heat or matter between a system and its surroundings.
Işıklı Radar	Işıklı Radar (İngilizcede IDAR, LiDAR veya LADAR diye de yazılır) bir uzaktan algılama teknolojisidir. Mesafeleri bir cismi lazerle aydınlatarak ve sonra dönüp gelen ışını çözümleyerek ölçer.	Lidar	Lidar (also written LIDAR, LiDAR or LADAR) is a remote sensing technology that measures distance by illuminating a target with a laser and analyzing the reflected light.
Işık-Mayalama (Fotoferm-entasyon)	Organik bir alt katmanı ışıklı bir ortamda mayalandırarak biyohidrojene dönüştürme süreci/işlemi.	Photofer-mentation	The process of converting an organic substrate to biohydrogen through fermentation in the presence of light.
Isıküre	Mesozferin hemen üzerinde ve egzosferin hemen altındaki dünya atmosferi tabakası. Bu tabakanın içinde morötesi ışınım, mevcut moleküllerin foto-iyonlaşmasına ve foto-çözüşmesine sebep olur. Isıküre dünyadan yaklaşık olarak 85 kilometre (53 mil) yükseklikte başlar.	Thermosphere	The layer of Earth atmosphere directly above the mesosphere and directly below the exosphere. Within this layer, ultraviolet radiation causes photoionization and photodissociation of molecules present. The thermosphere begins about 85 kilometers (53 mi) above the Earth.
Isılbozunma (Piroliz)	Serbest oksijen yokluğunda organik bir maddenin hızla okside olması veya patlaması.	Pyrolysis	Combustion or rapid oxidation of an organic substance in the absence of free oxygen.

Türkçe	Türkçe	English	English
Isıveren Tepkimeler	Işık veya sıcaklık cinsinden enerji salan kimyasal tepkimeler.	Exothermic Reactions	Chemical reactions that release energy by light or heat.
İstemli Organizma	Hem aerobik (havacıl) hem de anaerobik (havasız) koşullarda çoğalabilen organizma; üreme için genellikle ya "Fakültatif Aerob" ya da "Fakültatif Anaerob" koşullarından biri tercih edilir.	Facultative Organism	An organism that can propagate under either aerobic or anaerobic conditions; usually one or the other conditions is favored: as Facultative Aerobe or Facultative Anaerobe.
İYM (Atıksu Arıtımı)	İçyağı, Yağ/Petrol, Makina Yağı	FOG (Wastewater Treatment)	Fats, Oil, and Grease
İyon	Toplam elektron sayıları toplam proton sayılarına eşit olmayan bir atom veya molekül; bu (yani, toplam elektron sayılarının toplam proton sayılarına eşit olmaması) söz konusu atom veya molekülde net pozitif veya negatif elektrik yükü meydana getirir.	Ion	An atom or a molecule in which the total number of electrons is not equal to the total number of protons, giving the atom or molecule a net positive or negative electrical charge.
Jet Akımı	Atmosferin yukarı tabakalarında veya troposferde hızlı hareket eden dar hava akımları. Amerika Birleşik Devletleri'nde ana hava jet akımları tropopoz yüksekliğine yakın bir yerde cereyan ederler ve genellikle batıdan doğuya akarlar.	Jet Stream	Fast flowing, narrow air currents found in the upper atmosphere or troposphere. The main jet streams in the United States are located near the altitude of the tropopause and flow generally west to east.

Türkçe	Türkçe	English	English
Jet Çekiği	Bir sıvı akıntısında akarsu çapının veya akarsuyun arakesitinin en düşük değere sahip olduğu ve sıvı hızının da maksimum olduğu nokta; örneğin bir meme ağzından (hortum başından) veya başka bir delikten fışkıran sıvı akımında olduğu gibi.	Vena Contracta	The point in a fluid stream where the diameter of the stream, or the stream cross-section, is the least, and fluid velocity is at its maximum, such as with a stream of fluid exiting a nozzle or other orifice opening.
Kara Su	İnsan dışkısıyla kirlenmiş lağım suyu veya benzeri atıksular.	Black Water	Sewage or other wastewater contaminated with human wastes.
Karbon Nanotüp	Bakınız: Nanotüp	Carbon Nanotube	See: Nanotube
Karbon Nötr	Atmosfere salınan veya herhangi bir işlem ve eylemde kullanılan karbon diyoksit veya diğer karbon bileşimi net miktarının genellikle eşzamanlı olarak yapılan diğer eylemlerle azaltılmak veya tamamen telafi edilmek yoluyla dengelenmesi.	Carbon Neutral	A condition in which the net amount of carbon dioxide or other carbon compounds emitted into the atmosphere or otherwise used during a process or action is balanced by actions taken, usually simultaneously, to reduce or offset those emissions or uses.
KAS (Kuzey Atlantik Salınımı)	İzlandadaki düşük ve Azor Adalarındaki yüksek deniz-seviyesi atmosfer basıncı farkındaki oynamalardan kaynaklanan, Kuzey Atlantik'i boydan boya kapsayan fırtına rotaları ve batıdan esen rüzgarların kuvvet ve yönünü kontrol eden bir Kuzey Atlantik Okyanusu hava görüngüsü/fenomeni.	NAO (North Atlantic Oscillation)	A weather phenomenon in the North Atlantic Ocean of fluctuations in atmospheric pressure differences at sea level between the Icelandic low and the Azores high that controls the strength and direction of westerly winds and storm tracks across the North Atlantic.

Türkçe	Türkçe	English	English
Kataliz	Kendisi bir reaksiyonun parçası olmamakla birlikte reaksiyonun hızını arttıran "katalizör" isimli katkı maddesinin varlığı nedeniyle bir kimyasal reaksiyonun hızında genellikle artış olarak görülen değişiklik.	Catalysis	The change, usually an increase, in the rate of a chemical reaction due to the participation of an additional substance, called a catalyst, which does not take part in the reaction but changes the rate of the reaction.
Katalizör	Bir kimyasal reaksiyonun hızını kendisi reaksiyon sırasında tüketilmeden değiştirerek kataliz'e sebep olan madde.	Catalyst	A substance that cause Catalysis by changing the rate of a chemical reaction without being consumed during the reaction.
Katmanlı Akış	Akışkanlar dinamiğinde, bir sıvının birbirlerini etkilemeyen parallel katmanlar halinde akması. Düşük hızlarda, sıvı yanal karışım olmadan akma eğilimindedir. Ne akış yönüne dik ters-akıntılar ne de girdap veya sarmallar görülmez.	Laminar Flow	In fluid dynamics, laminar flow occurs when a fluid flows in parallel layers, with no disruption between the layers. At low velocities, the fluid tends to flow without lateral mixing. There are no cross-currents perpendicular to the direction of flow, nor eddies or swirls of fluids.
Katyon	Artı yüklü iyon.	Cation	A positively charged ion.
Kaya Mercek Cebi	Bir kaya tabakasının içinde belirli/kapalı ve genellikle petrol gibi bir sıvının birikebileceği boşluk.	Lens Trap	A defined space within a layer of rock in which a fluid, typically oil, can accumulate.
Kazıcı	Porsuk, tüysüz köstebek faresi, köstebek salamander ve benzeri yaratıklar gibi yer altında kazıyarak yaşayan hayvanlara ilişkin.	Fossorial	Relating to an animal that is adapted to digging and life underground such as the badger, the naked mole-rat, the mole salamanders and similar creatures.

Türkçe	Türkçe	English	English
Kelant	Heterosiklik halka şeklinde ve denk bağlarıyla en az iki metaldışı iyona bağlı bir metal iyon içeren bir kimyasal bileşim.	Chelants	A chemical compound in the form of a heterocyclic ring, containing a metal ion attached by coordinate bonds to at least two nonmetal ions.
Kelat	Merkezi bir metal atomuna iki veya daha fazla noktadan bağlanmış bir (genellikle organik) ligand içeren bir bileşim.	Chelate	A compound containing a ligand (typically organic) bonded to a central metal atom at two or more points.
Kelatlama	İyon ve moleküllerin metal iyonlarına bir çeşit bağlanma şekli. Çok dişli (çok bağlı) bir ligant ile merkezdeki tek bir atom veya molekül arasında iki veya daha fazla denklik bağının oluşmasını veya var olmasını gerektirir; genellikle organik bir bileşimdir.	Chelation	A type of bonding of ions and molecules to metal ions that involves the formation or presence of two or more separate coordinate bonds between a polydentate (multiple bonded) ligand and a single central atom or molecule (which is usually an organic molecule or compound).
Kelatlama Etkenleri	Kelatlama Etkenleri, ağır metallerle reaksiyona girerek onların kimyasal terkiplerini değiştiren ve diğer metal, besleyici veya maddelere bağlanma olasılığını arttıran kimyasal maddeler veya kimyasal bileşimlerdir. Bu gerçekleştiği zaman, geride kalan metale “kelat” denir.	Chelating Agents	Chelating agents are chemicals or chemical compounds that react with heavy metals, rearranging their chemical composition and improving their likelihood of bonding with other metals, nutrients, or substances. When this happens, the metal that remains is known as a “chelate.”

Türkçe	Türkçe	English	English
Kendibeslek Organizma	Kendi yiyeceğini basit organik maddelerden sentezleyebilen mikroskopik bitki.	Autotrophic Organism	A typically microscopic plant capable of synthesizing its own food from simple organic substances.
Kenetlem	Kelatlar oluşturarak kimyasal reaksiyonları bastıran bağlayıcı madde.	Chelators	A binding agent that suppresses chemical activity by forming chelates.
Kentsel Isı Adası	Kentsel ısı adası çevresindeki köysel alanlardan genellikle insan faaliyeti nedeniyle epey daha sıcak olan bir şehir veya metropol bölgesidir. Sıcaklık farkı çoğunlukla geceleri daha fazladır ve en çok rüzgarların hafif olduğu zamanlarda kendini belli eder.	Urban Heat Island	An urban heat island is a city or metropolitan area that is significantly warmer than its surrounding rural areas, usually due to human activities. The temperature difference is usually larger at night than during the day, and is most apparent when winds are weak.
Kentsel Isı Adası Şiddeti	En sıcak kentsel bölge ile köysel taban sıcaklığı arasındaki fark Kentsel Isı Adası'nın şiddet veya büyüklüğünü tanımlar.	Urban Heat Island Intensity	The difference between the warmest urban zone and the base rural temperature defines the intensity or magnitude of an Urban Heat Island.
Kentsel Katı Atık	Amerika Birleşik Devletleri'nde "trash" veya "garbage" İngiltere'de de "refuse" veya "rubbish" olarak anılan ve halk tarafından her gün atılan bir çöp/artık çeşidi. İngilizce'deki "garbage" sözcüğü özellikle yiyecek artıkları için kullanılır.	Municipal Solid Waste	Commonly known as trash or garbage in the United States and as refuse or rubbish in Britain, is a waste type consisting of everyday items that are discarded by the public. "Garbage" can also refer specifically to food waste.

Türkçe	Türkçe	English	English
KIA	Kentsel Isı Adası	UHI	Urban Heat Island
KIAŞ	Kentsel Isı Adası Şiddeti	UHII	Urban Heat Island Intensity
Kılcallık	Kılcal bir tüpte veya emilgen bir dokuda sıvıların yüzey gerilimi nedeniyle yükselip alçalma eğilimi.	Capillarity	The tendency of a liquid in a capillary tube or absorbent material to rise or fall as a result of surface tension.
Kimyasal İndirgeme	Bir kimyasal reaksiyon sırasında bir molekül, atom veya iyonun elektronlar kazanması.	Chemical Reduction	The gain of electrons by a molecule, atom or ion during a chemical reaction.
Kimyasal Oksijen Talebi	Sudaki kimyasal kirleticilerin gücünün bir ölçüsü.	COD	Chemical Oxygen Demand; a measure of the strength of chemical contaminants in water.
Kimyasal Oksitlenme	Bir kimyasal reaksiyon sırasında bir molekül, atom veya iyonun elektronlar kaybetmesi.	Chemical Oxidation	The loss of electrons by a molecule, atom or ion during a chemical reaction.
Kirletici	Arı bir maddeyle karıştırılmış veya saf bir maddeye dahil edilmiş bir madde. Bu terim genellikle bir kirleticinin arı bir maddenin kalitesi veya nitelikleri üzerindeki olumsuz etkisini kastetmek için kullanılır.	Contaminant	A noun meaning a substance mixed with or incorporated into an otherwise pure substance; the term usually implies a negative impact from the contaminant on the quality or characteristics of the pure substance.
Kirletici Seviyesi	Bir kirleticinin yoğunluğuna işaret eden ama yanlış adlandırılıp kullanılan bir terim.	Contaminant Level	A misnomer incorrectly used to indicate the concentration of a contaminant.

Türkçe	Türkçe	English	English
Kirletmek	Arı bir maddeye kimyasal bir madde veya bileşim ekleme işlemi.	Contaminate	A verb meaning to add a chemical or compound to an otherwise pure substance.
Kırmızı Somaki (Porfir)	İnce-tanecikli matrislerin içinde dağılmış kuartz ve feldispat gibi iri-taneli kristallerden oluşan volkanik kaya için kullanılan bir dokusal terim.	Porphyry	A textural term for an igneous rock consisting of large-grain crystals such as feldspar or quartz dispersed in a fine-grained matrix.
KKBS	Küresel Konum Belirleme Sistemi. Dünyanın üzerinde veya yakınında herhangi bir yerden dört veya daha fazla sayıda KKBS uydusunu engelsiz bir görüş hattından görmek şartıyla her türlü hava koşullarında konum ve zaman bilgisi veren uzayda konuşlandırılmış bir seyrüsefer sistemi.	GPS	The Global Positioning System; a space-based navigation system that provides location and time information in all weather conditions, anywhere on or near the Earth where there is a simultaneous unobstructed line of sight to four or more GPS satellites.
Klorlama	Genellikle dezenfeksiyon (mikroplardan arındırma) amacıyla su veya benzer maddelere klor ekleme işlemi.	Chlorination	The act of adding chlorine to water or other substances, typically for purposes of disinfection.
Klorlama Sınırı	Bir su kaynağının mikroplardan arındırılması için ilave klor gerektiğinde bu yeni ilave klor talebini bile karşılamak için bir su kaynağında olması gereken asgari klor konsantrasyonunu belirleyen bir yöntem.	Breakpoint Chlorination	A method for determining the minimum concentration of chlorine needed in a water supply to overcome chemical demands so that additional chlorine will be available for disinfection of the water.

Türkçe	Türkçe	English	English
Koliform	Suda hastalığa neden olan (patojenik) organizmaların var veya yok olduklarını belirlemekte kullanılan bir Gösterge Organizma türü.	Coliform	A type of Indicator Organism used to determine the presence or absence of pathogenic organisms in water.
Komşu su	Toprağa veya biyokatı tanelerine yapışan veya yakınında hapsedilmiş su.	Vicinal Water	Water which is trapped next to or adhering to soil or biosolid particles.
Köstebek (Biyoloji)	Yeraltı hayatına uyum sağlamış küçük memeli hayvan türü. Silindir şeklinde gövdeleri, kadifemsi kürkleri, farkedilemeyecek kadar küçük kulak ve gözleri, küçülmüş arka bacakları, kazımak için uyarlanmış büyük pençeli kuvvetli önayakları vardır.	Mole (Biology)	Small mammals adapted to a subterranean lifestyle. They have cylindrical bodies, velvety fur, very small, inconspicuous ears and eyes, reduced hindlimbs and short, powerful forelimbs with large paws adapted for digging.
Kötü Havadan Aşınma	Hava koşullarının etkisiyle bir cismin oksitlenmesi, paslanması, veya yıpranması.	Weathering	The oxidation, rusting, or other degradation of a material due to weather effects.
Koyu Mayalama	Organik mayalanabilen bir maddeyi ışıksız bir ortamda mayalanma ile biyohidrojene dönüştürme süreci/ işlemi.	Dark Fermentation	The process of converting an organic substrate to biohydrogen through fermentation in the absence of light.
Kritik Akım	(Birimsiz olan) Froude sayısının 1'e eşit olduğu özel durum; veya hızın (yerçekimi değişmezinin derinlik ile çarpımı) nın kareköküne bölünmesi = 1 (En Kritik Seviyede Akış ve Kritik Altı Akım ile karşılaştırınız).	Critical Flow	Critical flow is the special case where the Froude number (unitless) is equal to 1; or the velocity divided by the square root of (gravitational constant multiplied by the depth) =1 (Compare to Supercritical Flow and Subcritical Flow).

Türkçe	Türkçe	English	English
Kritik Altı Akım	Kritik Altı Akım, (birimsiz) Froude sayısının 1'den küçük olduğu özel bir durumdur. Yani hız'ın, (yerçekimi sabitinin derinlik ile çarpılmasının kare kökü) ne bölünmesinin sonucu 1'e eşit veya daha küçük olmalıdır. (Kritik Akım ve Kritik Üstü Akım ile karşılaştırınız).	Subcritical Flow	Subcritical flow is the special case where the Froude number (unitless) is less than 1. i.e. The velocity divided by the square root of (gravitational constant multiplied by the depth) = <1 (Compare to Critical Flow and Supercritical Flow).
Kritik Üstü Akım	Kritik Üstü Akım, (birimsiz) Froude sayısının 1'den büyük olduğu özel bir durumdur. Yani hız'ın, (yerçekimi sabitinin derinlik ile çarpılmasının kare kökü) ne bölünmesinin sonucu 1'e eşit veya daha büyük olmalıdır. (Kritik Akım ve Kritik Altı Akım ile karşılaştırınız).	Supercritical Flow	Supercritical flow is the special case where the Froude number (unitless) is greater than 1. i.e. The velocity divided by the square root of (gravitational constant multiplied by the depth) = >1 (Compare to Subcritical Flow and Critical Flow).
Krizalit	Kelebek gibi böcekler gelişirken pupalarını çevreleyen ve sert bir zardan oluşan kılıf.	Chrysalis	The chrysalis is a hard casing surrounding the pupa as insects such as butterflies develop.
KT	Kütle Spektrometresi	MS	A Mass Spectrophotometer
Kuantum Mekaniği	Atomlar ve fotonlarla ilgili süreçleri inceleyen bir temel fizik dalı.	Quantum Mechanics	A fundamental branch of physics concerned with processes involving atoms and photons.
Kümüloni-mbüs Bulut	Yükselen hava akımı tarafından taşınan su buharından oluşan atmosferik dengesizlik ve yıldırımlı fırtına ile ilişkili yoğun, kule gibi dikey bulut.	Cumulonimbus Cloud	A dense, towering, vertical cloud associated with thunderstorms and atmospheric instability, formed from water vapor carried by powerful upward air currents.

Türkçe	Türkçe	English	English
Kütle Spektros-kopisi	Mevcut belirli kirleticilerin yoğunluğunu belirlemek için hazırlanmış bir sıvı örnekleminden ışık hüzmelerinin geçirildiği bir bileşik analiz etme şekli.	Mass Spectroscopy	A form of analysis of a compound in which light beams are passed through a prepared liquid sample to indicate the concentration of specific contaminants present.
Kuum	Bir dağdaki küçük bir vadi veya buzyalağı.	Cwm	A small valley or cirque on a mountain.
Kuzey Kutup Salınımları (KKS)	20N enleminin kuzeyindeki sezon-dışı deniz-seviyesi basıncındaki değişikliklerin başat örüntüsünün (zaman içinde değişecek olan ve hiç bir belirli dönemselliği olmayan) bir indeksi. Bu indeksin özelliği, Kuzey Kutbundaki (ortalama bir değere göreceli olarak) yüksek veya alçak basınç sapmasına 37–45N enlemi civarında odaklanan ters işaretteki basınç sapmasının eşlik etmesi ve böylece her ikisi birden ele alındığında bir salınım görünümü yaratmalarıdır.	AO (Arctic Oscillations)	An index (which varies over time with no particular periodicity) of the dominant pattern of non-seasonal sea-level pressure variations north of 20N latitude, characterized by pressure anomalies of one sign (positive or negative relative to an average base) in the Arctic with the opposite anomalies centered about 37–45N.
Kuzey Yıllık Modu	Kuzey yarımküre-sindeki atmosferik akışların gösterdiği iklim değişkenliğinin mevsimlik salınımlarla ilgisi olmayan bir yarıküre-ölçekli örüntüsü.	Northern Annular Mode	A hemispheric-scale pattern of climate variability in atmospheric flow in the northern hemisphere that is not associated with seasonal cycles.

Türkçe	Türkçe	English	English
Lağım Pisliği	Suda çözülmüş veya askıda duran, genellikle insan dışkısı ve diğer atıksu bileşenleri içeren suyla-taşınan atık.	Sewage	A water-borne waste, in solution or suspension, generally including human excrement and other wastewater components.
Lağım Sistemi	Lağım taşıyan ve borular, rogar kapakları, toplama çukurları vs. gibi unsurlardan oluşan fiziksel altyapı sistemi.	Sewerage	The physical infrastructure that conveys sewage, such as pipes, manholes, catch basins, etc.
Leş Yiyici	Ölmüş veya çürüyen organik maddeyle beslenen bir bitki, mantar, veya mikroorganizma.	Saprophyte	A plant, fungus, or microorganism that lives on dead or decaying organic matter.
Ligand	Kimyada, bir metal atomuna denk bağı ile bağlanmış bir iyon veya molekül. Biyokimyada, başka (ve genellikle daha büyük) bir moleküle bağlanan bir molekül.	Ligand	In chemistry, an ion or molecule attached to a metal atom by coordinate bonding. In biochemistry, a molecule that binds to another (usually larger) molecule.
Madde Yoğunluğu	Bakınız: Molarlık	Substance Concentration	See: Molarity
Makrofit	Çıplak gözle görülecek kadar büyük bir bitki, özellikle su bitkisi.	Macrophyte	A plant, especially an aquatic plant, large enough to be seen by the naked eye.
Mayalanma	Bir maddeyi bakteri, mayalar, veya diğer mikroorganizmalar aracılığıyla ayrıştıran ve çoğu zaman ısı ve çıkış-gazı üreten biyolojik bir süreç.	Fermentation	A biological process that decomposes a substance by bacteria, yeasts, or other microorganisms, often accompanied by heat and off-gassing.

Türkçe	Türkçe	English	English
Mayalanma Çekirdeği	Çökelen katıları yakalayarak daha dar bir alanda ve dolayısıyla daha verimli bir şekilde oksijensiz (anaerobik) olarak sindirmek için atıksu arıtma havuzlarının dibine bazan yerleştirilen küçük, koni şeklinde bir çekirdek.	Fermentation Pits	A small, cone shaped pit sometimes placed in the bottom of wastewater treatment ponds to capture the settling solids for anaerobic digestion in a more confined, and therefore more efficient way.
Merkezcil Güç	Herhangi bir cismin kavisli bir yol izlemesini sağlayan güç. Yönü her zaman cismin hareket yönüne 90 derece dik ve kavis eğrisinin anlık merkezine doğrudur. Isaac Newton bunu "cisimleri merkezi bir noktaya doğru çeken, iten veya meylettiren bir güç" olarak tarif etmiştir.	Centripetal Force	A force that makes a body follow a curved path. Its direction is always at a right angle to the motion of the body and towards the instantaneous center of curvature of the path. Isaac Newton described it as "a force by which bodies are drawn or impelled, or in any way tend, towards a point as to a centre."
Merkezkaç Güç	Dönme ekseninden uzaklaşan yönde, dönen bir referans sisteminde gözlemlendiğinde bütün cisimleri etkiliyormuş gibi görünen ve Newton mekaniğinde kullanılan eylemsizlik kuvveti terimi.	Centrifugal Force	A term in Newtonian mechanics used to refer to an inertial force directed away from the axis of rotation that appears to act on all objects when viewed in a rotating reference frame.
Mezopoz	Mezosfer ile ısıküre (termosfer) arasındaki sınır.	Mesopause	The boundary between the mesosphere and the thermosphere.

Türkçe	Türkçe	English	English
Mezosfer	Stratopozun hemen üzerinde ve mezopozun hemen altında bulunan, dünya atmosferinin üçüncü önemli tabakası. Mezosferin üst sınırı, −100 derece santigrata (−146°F veya 173 K) kadar düşen ısısıyla dünyadaki belki de doğal olarak en soğuk yer olan mezopozdur.	Mesosphere	The third major layer of Earth atmosphere that is directly above the stratopause and directly below the mesopause. The upper boundary of the mesosphere is the mesopause, which can be the coldest naturally occurring place on Earth with temperatures as low as −100°C (−146°F or 173 K).
MI	Morötesi Işık	UV	Ultraviolet Light
Mikro Kirletici	Çevre ve/veya organizmalar üzerinde olumsuz etkisi olabilecek biyobirikimli, kalıcı ve zehirli özellikler sergileyen organik veya madensel maddeler.	Micropollu-tants	Organic or mineral substances that exhibit toxic, persistent and bioaccumulative properties that may have a negative effect on the environment and/or organisms.
Mikrobik	Mikropları ilgilendiren, mikroplar tarafından sebep olunan, veya mikroplarla ilgili.	Microbial	Involving, caused by, or being, microbes.
Mikroorga-nizma	Mikroskopik yaşayan organizma; tek veya çok hücreli de olabilir.	Microorga-nism	A microscopic living organism, which may be single celled or multicellular.
Mikrop	Biyolojide, bir mikroorganizma, özellikle hastalık yaratan mikroorganizma. Tarımda bu terim (İngilizcede "germ" diye yazılır ve Türkçede "cörm" diye okunur) belirli bitkilerin tohumları için kullanılır.	Germ	In biology, a microorganism, especially one that causes disease. In agriculture, the term relates to the seed of specific plants.

Türkçe	Türkçe	English	English
Mikrop	Tek hücreli mikroskopik organizma	Microbe	Microscopic single-cell organism.
Miktar ila Yoğunluk	"Miktar" bir şeyin kütlesinin ölçümüdür, örneğin '5 mg sodium' gibi. "Yoğunluk" ise kütlenin hacime (örneğin su gibi bir çözgene) olan oranını ifade eder. Örneğin, bir litre sudaki X-miktar Sodyum, ya da X mg/L.	Amount vs. Concentration	An amount is a measure of a mass of something, such as 5 mg of sodium. A concentration relates the mass to a volume, typically of a solute, such as water; for example: mg of Sodium per liter of water, or mg/L.
Milieşdeğer	Bir element, radikal, veya bileşimin eşdeğer ağırlığının binde biri (10^{-3}).	Milliequivalent	One thousandth (10^{-3}) of the equivalent weight of an element, radical, or compound.
Mol (Kimya)	Oniki gram karbon-12 (^{12}C)'nin sahip olduğu kadar atom, molekül, iyon, electron, veya foton ihtiva eden kimyasal madde miktarı. Karbon-12 (^{12}C), izafi atomik kütlesi 12 olan karbon izotopudur. Mol, değeri $6.0221412927 \times 10^{23}$ mol^{-1} olan Avogadro sayısı ile ifade edilir.	Mole (Chemistry)	The amount of a chemical substance that contains as many atoms, molecules, ions, electrons, or photons, as there are atoms in 12 grams of carbon-12 (^{12}C), the isotope of carbon with a relative atomic mass of 12. This number is expressed by the Avogadro constant, which has a value of $6.0221412927 \times 10^{23}$ mol^{-1}.
Molal Yoğunluk	Bakınız: Molallik	Molal Concentration	See: Molality
Molallik	Molallik, ya da öbür adıyla "molal yoğunluk," bir çözeltideki çözgen (eriyen madde) yoğunluğunun belirli bir çözücü (eritici madde) kütlesindeki madde miktarı cinsinden bir ölçüsüdür.	Molality	Molality, also called molal concentration, is a measure of the concentration of a solute in a solution in terms of amount of substance in a specified mass of the solvent.

Türkçe	Türkçe	English	English
Molar Yoğunluk	Bakınız: Molarlık	Molar Concentration	See: Molarity
Molarlık	Molarlık bir çözeltideki çözgenin (eriyen madde) veya belli bir hacimdeki madde kütlesi cinsinden herhangi bir kimyasal madde çeşitinin yoğunluğunun bir ölçüsüdür. Kimyada molar yoğunluk için yaygın olarak kullanılan bir birim mol/L'dir. 1 mol/L'lik bir çözelti yoğunluğu aynı zamanda 1 molar (1 M) olarak da ifade edilebilir.	Molarity	Molarity is a measure of the concentration of a solute in a solution, or of any chemical species in terms of the mass of substance in a given volume. A commonly used unit for molar concentration used in chemistry is mol/L. A solution of concentration 1 mol/L is also denoted as 1 molar (1 M).
Motor Kaportası	Bir rüzgar türbininde türbin ve çalışan aksamı barındıran aerodinamik şekilli kutu/muhafaza.	Nacelle	Aerodynamically-shaped housing that holds the turbine and operating equipment in a wind turbine.
MtBE	Metil tert Bütil Eter	MtBE	Methyl-tert-Butyl Ether
Nehir Ağzı	Gelgit akımının bir nehrin ağzındaki sulara karıştığı yer.	Estuary	A water passage where a tidal flow meets a river flow.
Oksijensiz Yaşayabilen (isim)	Üremek için oksijene ihtiyacı olmayan ama o amaç için nitrojen, sülfatlar ve diğer bileşimleri kullanabilen bir organizma türü.	Anaerobe	A type of organism that does not require Oxygen to propagate, but can use nitrogen, sulfates, and other compounds for that purpose.

Türkçe	Türkçe	English	English
Oksijensiz Yaşayabilen (sıfat)	Soluk almak veya hayatta kalmak için serbest oksijene ihtiyaç duymayan canlı varlıklara dair. Bu organizmalar metabolizmaları ve büyümeleri için genellikle nitrojen, demir, veya başka metalleri kullanırlar.	Anaerobic	Related to organisms that do not require free oxygen for respiration or life. These organisms typically utilize nitrogen, iron, or some other metals for metabolism and growth.
Olgunlaş-tırma Havuzu	Genellikle ya birincil ya da ikincil ihtiyari atıksu arıtma havuzunu takip eden düşük-masraflı parlatma havuzu. Öncelikle üçüncül arıtma için tasarımlanmıştır (örneğin, hastalık yaratan patojenleri, besin maddelerini ve muhtemelen yosunları temizlemek için). Bu tür havuzlar çok sığdırlar (genellikle 0.9 metre ila 1 metre derinliğinde).	Maturation Pond	A low-cost polishing pond, which generally follows either a primary or secondary facultative wastewater treatment pond. Primarily designed for tertiary treatment. (i.e., the removal of pathogens, nutrients and possibly algae) they are very shallow (usually 0.9–1 m depth).
Ombrotrofik	"Sularının çoğunu yağmur sularından temin eden bitkiler gibi" anlamına gelen bir sıfat.	Ombrotrophic	Refers generally to plants that obtain most of their water from rainfall.
Omurgalılar	Diğer hayvanlardan omurgaları veya omur ilikleriyle ayrılan büyük bir hayvan grubu. Bu gruba memeliler, kuşlar, sürüngenler, amfibiyanlar, ve balıklar da dahildir. (Omurgasızlarla karşılaştırınız.)	Vertebrates	An animal among a large group distinguished by the possession of a backbone or spinal column, including mammals, birds, reptiles, amphibians, and fishes. (Compare with Invertebrate.)

Türkçe	Türkçe	English	English
Omurgasızlar	Böcekler dahil, ne omurgası olan ne de bir omurga geliştiren hayvanlar; yengeçler, istakozlar ve akrabaları; salyangozlar, midyeler, ahtapotlar ve akrabaları; deniz yıldızları, deniz kestaneleri ve akrabaları; solucanlar ve diğerleri.	Invertebrates	Animals that neither possess nor develop a vertebral column, including insects; crabs, lobsters and their kin; snails, clams, octopuses and their kin; starfish, sea-urchins and their kin; and worms, among others.
Onlarcayıllık	Bir onyıllık süreyi aşan zaman çizelgesi.	Multidecadal	A timeline that extends across more than one decade, or 10-year, span.
Oran	İki rakam arasında, birinci rakamın ikinci rakamı kaç dafa içerdiğini ifade eden matematiksel ilişki.	Ratio	A mathematical relationship between two numbers indicating how many times the first number contains the second.
Ötrofikasyon	Bir sucul (akuatik) sistemin, başta nitratlar ve fosfatlar olmak üzere, yapay veya doğal besleyici madde ilave edilmesine gösterdiği tepki; örneğin "çiçeklenmek," yani artan besleyici seviyesine bir tepki olarak sudaki bitki-plankton seviyesinin büyük ölçüde artması. Bu terim genellikle bir ekosistemin yaşlanmasına ve bir havuz veya göldeki açık sudan önce sulak alana, sonra sazlık bataklığa, daha sonra düz bataklık araziye, ve giderek ormanlık bir yaylaya dönüşmesine işaret eder.	Eutrophication	An ecosystem response to the addition of artificial or natural nutrients, mainly nitrates and phosphates to an aquatic system; such as the "bloom" or great increase of phytoplankton in a water body as a response to increased levels of nutrients. The term usually implies an aging of the ecosystem and the transition from open water in a pond or lake to a wetland, then to a marshy Swamp, then to a Fen, and ultimately to upland areas of forested land.

Türkçe	Türkçe	English	English
Oyuklanma	Bir sıvıyı etkileyen güçler nedeniyle buhar oyuklarının veya küçük kabarcıkların oluşması. Bu genellikle bir sıvının üzerindeki basınç süratle değiştiği zaman olur; örneğin, basıncın göreli olarak düşük olduğu pompa kanadının arka kısmında oyukların oluşması gibi.	Cavitation	Cavitation is the formation of vapor cavities, or small bubbles, in a liquid as a consequence of forces acting upon the liquid. It usually occurs when a liquid is subjected to rapid changes of pressure, such as on the back side of a pump vane, that cause the formation of cavities where the pressure is relatively low.
Özgül Ağırlık	Bir madde veya cismin bir birim hacim başına ağırlığı.	Specific Weight	The weight per unit volume of a material or substance.
Özgül Yerçekimi	Bir cismin yoğunluğunun bir referans cisminin yoğunluğuna olan oranı; veya bir cismin birim hacim başına kütlesinin bir referans cisminin birim hacim başına kütlesine oranı.	Specific Gravity	The ratio of the density of a substance to the density of a reference substance; or the ratio of the mass per unit volume of a substance to the mass per unit volume of a reference substance.
Ozonlama	Bir madde veya bileşiğin ozonla muamele edilmesi ya da birleştirilmesi.	Ozonation	The treatment or combination of a substance or compound with ozone.
Parasallaşma	Seçenekler arasında hakkaniyetli bir karşılaştırma yapabilmek için para-dışı etmenlerin standart hale getirilmiş bir para değerine dönüştürülmesi.	Monetization	The conversion of non-monetary factors to a standardized monetary value for purposes of equitable comparison between alternatives.
Parlatma Havuzu	Bakınız: Olgunl-aştırma Havuzu	Polishing Pond	See: Maturation Pond

Türkçe	Türkçe	English	English
Paskal	"Metre kare başına bir newton" olarak tanımlanan ve metrik sistemden türetilmiş bir basınç, iç basınç, gerilme, Yang modülü ve üst çekme dayanımı birimi.	Pascal	The derived metric system unit of pressure, internal pressure, stress, Young's modulus and ultimate tensile strength; defined as one newton per square meter.
Patojen (Hastalık Mikrobu)	İnsanlarda hastalık yapan ya da yapabilen genellikle bakteri veya virus gibi bir organizma.	Pathogen	An organism, usually a bacterium or a virus, which causes, or is capable of causing, disease in humans.
Peristaltik Pompa	Muhtelif sıvıları pompalamak için kullanılan bir çeşit gel-git pompası. Sıvı, (genellikle) yuvarlak bir pompa yuvasının içine monte edilmiş esnek bir tüpün içindedir. Çemberinin dış tarafına "merdaneler", "silecekler", veya "dilimler (lob'lar)" iliştirilmiş bir rotor, esnek tüpü sıralı olarak sıkıştırarak sıvının tek bir yönde akmasını sağlar.	Peristaltic Pump	A type of positive displacement pump used for pumping a variety of fluids. The fluid is contained within a flexible tube fitted inside a (usually) circular pump casing. A rotor with a number of "rollers", "shoes", "wipers", or "lobes" attached to the external circumference of the rotor compresses the flexible tube sequentially, causing the fluid to flow in one direction.
pH	Sudaki hidrojen iyonu yoğunluğunun bir ölçüsü; suyun asit derecesinin bir belirtisi.	pH	A measure of the hydrogen ion concentration in water; an indication of the acidity of the water.
Pıhtılaşma	Su veya atıksuyun arıtılması sırasında çözünmüş katıların ince ve askıda duran tanecikler halinde biraraya gelmesi.	Coagulation	The coming together of dissolved solids into fine suspended particles during water or wastewater treatment.

Türkçe	Türkçe	English	English
PKB	Poliklorlu Bifenil	PCB	Polychlorinated Biphenyl
pOH	Sudaki hidroksil iyonu yoğunluğunun bir ölçüsü; suyun bazlık durumunun bir belirtisi.	pOH	A measure of the hydroxyl ion concentration in water; an indication of the alkalinity of the water.
Polarize Işık	Bazı ortamlardan (medyalardan) bütün titreşimleri sadece tek bir satıhta (düzlemde) yayılabilecek şekilde yansıyan veya geçirilen ışık.	Polarized Light	Light that is reflected or transmitted through certain media so that all vibrations are restricted to a single plane.
Polidentat	Bir eşgüdüm (koordinasyon) kompleksindeki merkezi atoma iki veya daha fazla bağ ile bağlı olma hali. Bakınız: Ligandlar ve Kelatlar.	Polydentate	Attached to the central atom in a coordination complex by two or more bonds—See: Ligands and Chelates.
Porfirik (Somaki) Kaya	İnce bir metalik toprak kütlesine gömülmüş iri kristalli herhangi bir volkanik kaya.	Porphyritic Rock	Any igneous rock with large crystals embedded in a finer ground mass of minerals.
Protolit	Kendisinden belirli bir metamorfik kaya oluşan özgün, başkalaşmamış kaya. Örneğin, mermerin protoliti kireçtaşıdır çünkü mermer kireçtaşının başkalaşmış şeklidir.	Protolith	The original, unmetamorphosed rock from which a specific metamorphic rock is formed. For example, the protolith of marble is limestone, since marble is a metamorphosed form of limestone.
Protolitik	Protolitik taş aletler gibi Taş Devri'nin ilk yıllarına ilişkin bir şeyin özelliğini dile getiren bir sıfat.	Protolithic	Characteristic of something related to the very beginning of the Stone Age, such as protolithic stone tools, for example.

Türkçe	Türkçe	English	English
Pupa (Krizalit)	Dönüşümden geçen bazı böceklere ait bir hayat evresi. Pupa evresi sadece tümbaşkalaşan böceklerde görülür. Bu tür böcekler şu dört hayat evresinden geçerek tamamen başkalaşırlar: embriyo, larva (sürfe), pupa, ve ergin böcek.	Pupa	The life stage of some insects undergoing transformation. The pupal stage is found only in holometabolous insects, those that undergo a complete metamorphosis, going through four life stages: embryo, larva, pupa and imago.
PZM	Petrol ve Zararlı Maddeler	OHM	Oil and Hazardous Materials
Radar	Nesnelerin/cisimlerin uzaklığını, açılarını, veya hızlarını belirlemekte radyo dalgaları kullanan bir nesne/cisim-saptama sistemi.	Radar	An object-detection system that uses radio waves to determine the range, angle, or velocity of objects.
Redoks	Bir indirgeme-oksidasyon reaksiyonunun kısaltılmış ismi. Bir indirgeme reaksiyonu her zaman bir oksidasyon reaksiyonuyla beraber olur. Redoks reaksiyonları atomların oksidasyon hallerinin değiştiği bütün kimyasal reaksiyonları içerir; genel olarak, redoks reaksiyonlarında elektronlar kimyasal madde türleri arasında transfer olurlar.	Redox	A contraction of the name for a chemical reduction-oxidation reaction. A reduction reaction always occurs with an oxidation reaction. Redox reactions include all chemical reactions in which atoms have their oxidation state changed; in general, redox reactions involve the transfer of electrons between chemical species.

Türkçe	Türkçe	English	English
Reynold Sayısı	Bir sıvıdaki göreceli akış türbülansını ifade eden birimsiz rakam. Eylemsizlik kuvvetinin akışmazlık kuvvetine bölünmesiyle {(eylemsizlik kuvveti)/(akışmazlık kuvveti)}orantılıdır ve dinamik benzerlikleri hesaplamak üzere momentum, ısı, ve kütle transferinde kullanılır.	Reynold's Number	A unitless number indicating the relative turbulence of flow in a fluid. It is proportional to {(inertial force)/(viscous force)} and is used in momentum, heat, and mass transfer to account for dynamic similarity.
Rüzgar Çiftliği	Belli bir mevkide elektrik üretmek için dikilmiş Rüzgar Türbini dizini.	Wind Farm	An array of Wind Turbines erected at a specific location to generate electricity.
Rüzgar Türbini	Rüzgarın pervane veya bir çeşit dikey pervane kanadına çarptığı zaman jeneratörün içindeki bir rotoru döndürerek enerji üretmek üzere tasarımlanmış mekanik aygıt.	Wind Turbine	A mechanical device designed to capture energy from wind moving past a propeller or vertical blade of some sort, thereby turning a rotor inside a generator to generate electrical energy.
Saçakbulut	Genellikle 18000 fit (5486 metre)'nin üzerinde oluşan ince ve tutam-tutam bir bulut şekli.	Cirrus Cloud	Cirrus clouds are thin, wispy clouds that usually form above 18,000 feet (5,486 m).
Salınım	Bir merkez değeri etrafında ve genellikle zaman içinde, veya iki veya daha fazla kimyasal veya fiziksel hal/durum arasında kendini belirli bir ölçüde tekrarlayan değişiklik (varyasyon).	Oscillation	The repetitive variation, typically in time, of some measure about a central value, or between two or more different chemical or physical states.

Türkçe	Türkçe	English	English
Sazlı Bataklık	Odunsu değil de otsu bitki türleri tarafından kaplanmış sulak alan; genelikle sucul ile karasal ekosistemler arasında bir geçiş sağladıkları göl veya dere kenarlarında bulunurlar. Çoğu zaman otlar, sazlar ve kamışlarla kaplıdırlar. Eğer odunsu bitkiler varsa, bunlar genelikle alçak-büyüyen çalılar şeklindedir. Sazlı bataklığı, Bataklıklar, ve Çamurlu Bataklıklar gibi diğer sulak alanlardan ayıran bu bitki örtüsüdür.	Marsh	A wetland dominated by herbaceous, rather than woody, plant species; often found at the edges of lakes and streams, where they form a transition between the aquatic and terrestrial ecosystems. They are often dominated by grasses, rushes or reeds. Woody plants present tend to be low-growing shrubs. This vegetation is what differentiates marshes from other types of wetland such as Swamps, and Mires.
Sentez	Birbirleriyle bağlantısız parça veya elementlerin bir bütün oluşturacak şekilde birleştirilmeleri; kimyasal elementlerin, grupların, veya bileşimlerin dağılmaları veya birleşmeleriyle yeni bir cisim veya maddenin yaratılması; veya, değişik kavramların yeni tutarlı bir bütün oluşturacak şekilde birleştirilmeleri.	Synthesis	The combination of disconnected parts or elements so as to form a whole; the creation of a new substance by the combination or decomposition of chemical elements, groups, or compounds; or the combining of different concepts into a coherent whole.
Sentezlemek	Değişik şeyleri bir araya getirerek bir şey yaratmak veya daha basit maddeleri kimyasal bir işlemle birleştirerek yeni bir şey yaratmak.	Synthesize	To create something by combining different things together or to create something by combining simpler substances through a chemical process.

Türkçe	Türkçe	English	English
Sera Gazı	Termal kızılötesi spektrumda radyasyon emip yayınlayan bir atmosferdeki gaz. Genellikle atmosferin üst tabakalarındaki ozon tabakasının tahribatıyla ve ısı enerjisinin küresel ısınmaya yol açar bir şekilde atmosferde yakalanmasıyla ilintilidir.	Greenhouse Gas	A gas in an atmosphere that absorbs and emits radiation within the thermal infrared range; usually associated with destruction of the ozone layer in the upper atmosphere of the earth and the trapping of heat energy in the atmosphere leading to global warming.
Sızınım	Genelikle bir sızıntı veya büyük bir hacme kıyasla küçük bir boşalmayla ilintili bir sıvı, ışık, veya koku yayımı (emisyonu).	Effusion	The emission or giving off of something such as a liquid, light, or smell, usually associated with a leak or a small discharge relative to a large volume.
Spektrofoto-metre	Bir çeşit spektrometre	Spectro-photometer	A Spectrometer
Spektrometre	Sıvılardaki kirleticilerin rengini kimyasal olarak değiştirip örneklemin içinden bir ışık hüzmesi geçirerek sıvılardaki çeşitli kirleticilerin yoğunluğunu ölçmekte kullanılan bir laboratuvar aleti. Bu alet için programlanan belirli test ile sıvıdaki kirleticinin yoğunluğu örneklem renginin parlaklığı ve koyuluğu okunarak ölçülür.	Spectrometer	A laboratory instrument used to measure the concentration of various contaminants in liquids by chemically altering the color of the contaminant in question and then passing a light beam through the sample. The specific test programmed into the instrument reads the intensity and density of the color in the sample as a concentration of that contaminant in the liquid.

Türkçe	Türkçe	English	English
Stokiyometri	Kimyasal reaksiyonlardaki reaktant (tepken) ve reaksiyon ürünlerinin göreceli miktarlarının hesaplanması.	Stoichiometry	The calculation of relative quantities of reactants and products in chemical reactions.
Stratosfer	Troposferin hemen üzerinde ve mezosferin altında yer alan, dünya atmosferinin ikinci önemli tabakası.	Stratosphere	The second major layer of Earth atmosphere, just above the troposphere, and below the mesosphere.
Su Çevrimi	Su Çevrimi suyun yeryüzünün üzerinde, yüzeyinde, ve altındaki sürekli hareketini tarif eder.	Water Cycle	The water cycle describes the continuous movement of water on, above and below the surface of the Earth.
Su Çevrimi (Hidrolojik Döngü)	Yerkabuğunun yukarısında, üstünde ve altındaki sürekli su hareketlerini tarif eden su çevrimi.	Hydrologic Cycle	The hydrological cycle describes the continuous movement of water on, above and below the surface of the Earth.
Su Sertliği	Sudaki Kalsiyum ve Magnezyum iyonlarının toplamı; diğer metal iyonları da sertliğe katkıda bulunur ama çoğu zaman önemli miktarlarda bulunmazlar.	Water Hardness	The sum of the Calcium and Magnesium ions in the water; other metal ions also contribute to hardness but are seldom present in significant concentrations.
Su Yumuşatma	Sudan Kalsiyum ve Magnezyum iyonlarının (diğer önemli miktarda mevcut metal iyonlarıyla beraber) çıkarılması.	Water Softening	The removal of Calcium and Magnesium ions from water (along with any other significant metal ions present).

Türkçe	Türkçe	English	English
Sulu Çamur	Atıksu arıtma işlemlerinin bir yan ürünü olan veya normal içme suyunun arıtılması ve bir çok diğer endüstriyel süreç sırasında yerleşmiş süspansiyon olarak ortaya çıkan katı veya yarı-katı bulamaç.	Sludge	A solid or semi-solid slurry produced as a by-product of wastewater treatment processes or as a settled suspension obtained from conventional drinking water treatment and numerous other industrial processes.
Süreklilik Denklemi	Maddenin Korunumu kuramının matematiksel ifadesi; fizik, hidrolik, vs.'de incelenen sistemin genel kütlesinin korunumu halindeki değişiklikleri hesaplamak için kullanılır.	Continuity Equation	A mathematical expression of the Conservation of Mass theory; used in physics, hydraulics, etc., to calculate changes in state that conserve the overall mass of the system being studied.
Sutaşır (Aküfer)	Kullanılabilir miktarda su sağlayabilen bir kaya birimi veya pekişmemiş toprak deposu.	Aquifer	A unit of rock or an unconsolidated soil deposit that can yield a usable quantity of water.
Tamponlama	Zayıf bir asit ve onun eşlenik bazı veya zayıf bir baz ile onun eşlenik asitinin karışımından oluşan bir sulu çözelti. Az veya orta miktarda bir kuvvetli asit veya baz madde bir çözeltiye eklendiğinde çözeltinin pH'i çok az değişir ve dolayısıyla bu çözeltilerin pH derecesinin değişmesini engellemekte kullanılır. Bir çok değişik kimyasal uygulamalarda tampon çözeltiler pH düzeyini nerdeyse sabit bir seviyede tutmak için kullanılırlar.	Buffering	An aqueous solution consisting of a mixture of a weak acid and its conjugate base, or a weak base and its conjugate acid. The pH of the solution changes very little when a small or moderate amount of strong acid or base is added to it and thus it is used to prevent changes in the pH of a solution. Buffer solutions are used as a means of keeping pH at a nearly constant value in a wide variety of chemical applications.

Türkçe	Türkçe	English	English
Taş Küme	Dünyanın bir çok yerinde, çorak çöllerde ve tundralarda olduğu kadar yüksek yaylalarda, bozkırlarda, dağ tepelerinde, su yollarının yakınında veya denize bakan sarp kayalıklarda genellikle patikaları işaretlemek için kullanılan ve insanlar tarafından inşa edilen taş yığını.	Cairn	A human-made pile (or stack) of stones typically used as trail markers in many parts of the world, in uplands, on moorland, on mountaintops, near waterways and on sea cliffs, as well as in barren deserts and tundra.
Tepken (Reaktant)	Bir kimyasal reaksiyona giren ve reaksiyon sırasında değişen bir madde.	Reactant	A substance that takes part in and undergoes change during a chemical reaction.
Tepkisellik	Tepkisellik genellikle tek bir maddenin kimyasal reaksiyonlarını veya birbirleriyle etkileşen iki veya daha fazla maddenin kimyasal reaksiyonlarını ifade eden bir kavramdır.	Reactivity	Reactivity generally refers to the chemical reactions of a single substance or the chemical reactions of two or more substances that interact with each other.
Termodinamik	Isı ve sıcaklığı ve bu ikisinin enerji ve iş ile olan ilişkilerini inceleyen fizik dalı.	Thermo-dynamics	The branch of physics concerned with heat and temperature and their relation to energy and work.
Termodinamik Süreç	Bir termodinamik sistemin bir ilk/başlangıç termodinamik denge halinden nihai/son termodinamik denge haline geçmesi.	Thermo-dynamic Process	The passage of a thermodynamic system from an initial to a final state of thermodynamic equilibrium.
Termome-kanik Dönüşüm	Isı enerjisinin mekanik işe dönüşmesi için tasarımlanmış veya ona ilişkin.	Thermo-mechanical Conversion	Relating to or designed for the transformation of heat energy into mechanical work.

Türkçe	Türkçe	English	English
Ters Amonyak-lama	Aerobik amonyak oksitleyen bakteriler (AOB)'in amonyakı azotlayarak önce nitrite ve sonra da nitrojen gazına dönüştürdüğü ve iki değişik biyokütle nüfusunu kapsayan iki-aşamalı biyolojik amonyak temizleme süreci.	Deammoni-fication	A two-step biological ammonia removal process involving two different biomass populations, in which aerobic ammonia oxidizing bacteria (AOB) nitrify ammonia to a nitrite form and then to nitrogen gas.
Tıbbi ilaçlar	İlaçlarda kullanılmak üzere imal edilmiş bileşimler; çoğu zaman çevrede kalıcıdırlar. Bakınız: İnatçı Artıklar.	Pharma-ceuticals	Compounds manufactured for use in medicines; often persistent in the environment. See: Recalcitrant wastes
TOK	Toplam organik karbon; sudaki atıkların organik içeriklerinin bir ölçüsü.	TOC	Total Organic Carbon; a measure of the organic content of contaminants in water.
Topaklanma	Su veya atıksuyunda askıda duran ince taneciklerin bir çökelme sürecinde dibe çökecek kadar büyük taneler halinde bir araya gelmesi.	Flocculation	The aggregation of fine suspended particles in water or wastewater into particles large enough to settle out during a sedimentation process.
Tortul Kaya	Tortullaşma yoluyla su birikintilerinde ve yeryüzünde maddelerin çöküntüsünden oluşan bir kaya türü.	Sedimentary Rock	A type of rock formed by the deposition of material at the Earth surface and within bodies of water through processes of sedimentation.
Tropopoz	Atmosferde troposfer ile stratosfer arasındaki sınır/hudut.	Tropopause	The boundary in the atmosphere between the troposphere and the stratosphere.

Türkçe	Türkçe	English	English
Troposfer	Atmosferin en alt bölümü; atmosfer kütlesinin yaklaşık %75'ini ve su buharının ve ayresolların %99'unu içerir. Ortalama derinliği orta enlemlerde 17 km (10.5 mil)dir, tropiklerde 20 km (12.5 mil)e kadar çıkar, ve kışın kutup bölgeleri civarında 7 km (4.4 mil) kadardır.	Troposphere	The lowest portion of atmosphere; containing about 75% of the atmospheric mass and 99% of the water vapor and aerosols. The average depth is about 17 km (10.5 mi) in the middle latitudes, up to 20 km (12.5 mi) in the tropics, and about 7 km (4.4 mi) near the polar regions, in winter.
Tümbaş-kalaşan Böcekler	Tamamen şekil değiştirerek (metamorfoz) dört yaşam aşamasından geçen böcekler: embriyo, larva, pupa, ve imago (ergin böcek).	Holometa-bolous Insects	Insects that undergo a complete metamorphosis, going through four life stages: embryo, larva, pupa and imago.
Turba (Yosunu)	Kısmen çürümüş bitki maddelerinden oluşan ve genellikle bataklık gibi asitli arazilerde görülen kahverengi toprak-gibi bir madde; çoğu zaman kesilir, kurutulur, ve bahçecilik işlerinde veya yakıt olarak kullanılır.	Peat (Moss)	A brown, soil-like material characteristic of boggy, acid ground, consisting of partly decomposed vegetable matter; widely cut and dried for use in gardening and as fuel.
Turba Bataklığı	Turba Bataklığı kubbe şeklinde, kendini çevreleyen kara parçasından daha yüksekte ve suyunun çoğunu yağmur yağışlarından temin eden bir toprak oluşumudur.	Bog	A bog is a domed-shaped land form, higher than the surrounding landscape, and obtaining most of its water from rainfall.

Türkçe	Türkçe	English	English
Tutuşturma	Atmosferin kirlenmesini önlemek için imalat tesislerinden ve çöp depolarından salınan tutuşucu gazların yakılması.	Flaring	The burning of flammable gasses released from manufacturing facilities and landfills to prevent pollution of the atmosphere from the released gases.
Tuz (Kimya)	Bir asitin baz ile reaksiyona girmesinden oluşan herhangi bir kimyasal bileşim. Bu reaksiyonda asitin hidrojenlerinin hepsi veya bir kısmı bir metal veya katyon ile değiştirilir.	Salt (Chemistry)	Any chemical compound formed from the reaction of an acid with a base, with all or part of the hydrogen of the acid replaced by a metal or other cation.
Tuzdan Arındırma	İçilebilir su elde etmek için salamura suyundan tuzun temizlenmesi.	Desalination	The removal of salts from a brine to create a potable water.
Uygun Maliyetli	Harcanan para sonucunda iyi sonuçlar elde etmek; ekonomik ve verimli.	Cost-Effective	Producing good results for the amount of money spent; economical and efficient.
Verimlilik Eğrisi	İki boyutlu bir çizimde üçüncü boyutu belirtmek için bir grafik veya şemanın üzerine çizilen veri noktaları. Çizilen eğriler, grafiği X ve Y eksenlerine çizilmiş iki bağımlı parametrenin bir işlevi olarak çalışacak mekanik bir sistemin verimliliğini belirtir. Çoğunlukla pompa veya motorların muhtelif çalıştırma koşullarındaki verimliliğini ifade etmek için kullanılır.	Efficiency Curve	Data plotted on a graph or chart to indicate a third dimension on a two-dimensional graph. The lines indicate the efficiency with which a mechanical system will operate as a function of two dependent parameters plotted on the x and y axes of the graph. Commonly used to indicate the efficiency of pumps or motors under various operating conditions.

Türkçe	Türkçe	English	English
Virüs	Çoğu zaman hastalığa sebep olan ve canlı organizmalara hastalık bulaştıran mikroskopla görülemeyecek kadar küçük muhtelif ajanlardan biri. Virüsler tek veya çift iplikli ve bir protein kılıfının içinde bulunan RNA veya DNA molekülünden oluşurlar. Kendilerine ev sahipliği yapacak bir hücre olmadan kendilerini kopyalayamadıkları için virüsler çoğu zaman yaşayan canlı bir organizma sayılmazlar.	Virus	Any of various submicroscopic agents that infect living organisms, often causing disease, and that consist of a single or double strand of RNA or DNA surrounded by a protein coat. Unable to replicate without a host cell, viruses are often not considered to be living organisms.
Volkanik Kaya	Erimiş kayanın sertleşmesinden oluşan kaya.	Volcanic Rock	Rock formed from the hardening of molten rock.
Volkanik Tüf	Tanecik büyüklüğü ince kum ile kaba çakıl taşı arasında değişen sıkıştırılmış volkanik külden oluşan bir çeşit kaya.	Volcanic Tuff	A type of rock formed from compacted volcanic ash which varies in grain size from fine sand to coarse gravel.
Yaşam-Çevrimi Masrafları	Bir tesis veya nesnenin toplam maliyetini hesaplamak için kullanılan bir yöntem. Bu yöntem bir binanın, bina sisteminin, veya başka benzeri bir eser/nesnenin bütün edinme, sahip olma ve elden çıkarma masraflarını hesaba katar.	Life-Cycle Costs	A method for assessing the total cost of facility or artifact ownership. It takes into account all costs of acquiring, owning, and disposing of a building, building system, or other artifact.

Türkçe	Türkçe	English	English
	Aynı performans koşullarını tatmin eden ama değişik başlangıç ve işletme masraflarına sahip diğer proje seçeneklerinin net tasarrufu azami seviyeye çıkarmak için karşılaştırılması gerektiği durumlarda bu yöntem özellikle yararlıdır.		This method is especially useful when project alternatives that fulfill the same performance requirements, but have different initial and operating costs, are to be compared to maximize net savings.
Yatay Eksenli Rüzgar Türbini	"Yatay eksen" demek rüzgar türbininin dönme ekseni yatay veya yere paralel demektir. Bu rüzgar çiftliklerinde en fazla kullanılan rüzgar türbini çeşididir.	Horizontal Axis Wind Turbine	Horizontal axis means the rotating axis of the wind turbine is horizontal, or parallel with the ground. This is the most common type of wind turbine used in wind farms.
Yeraltı Su Tablası	Toprak gözeneklerindeki boşluk veya çatlakların ve kayalardaki boşlukların tamamen suyla dolduğu derinlik.	Groundwater Table	The depth at which soil pore spaces or fractures and voids in rock become completely saturated with water.
Yeraltı Suyu	Dünya yüzeyinin altındaki toprak boşluklarında ve kaya oluşumlarının çatlaklarındaki su.	Groundwater	Groundwater is the water present beneath the Earth surface in soil pore spaces and in the fractures of rock formations.
Yerbilim (Jeoloji)	Dünyadaki katı kütleleri, dünyayı oluşturan kayaları, ve bu kayaların hangi süreçlerle değiştiğini inceleyen bir yerküre bilimi.	Geology	An earth science comprising the study of solid Earth, the rocks of which it is composed, and the processes by which they change.

Türkçe	Türkçe	English	English
YERT	Yatay Eksenli Rüzgar Türbini	HAWT	Horizontal Axis Wind Turbine
Yığışma	Su veya atıksuyunda erimiş taneciklerin bir araya gelip topaklanarak katı bir çökelek oluşturabilecek kadar büyük ve asılı tanecikler oluşturması.	Agglomeration	The coming together of dissolved particles in water or wastewater into suspended particles large enough to be flocculated into settlable solids.
Yıllık Güney Akışı	Güney yarımkürede mevsimlik çevrimlerle ilgisi olmayan atmosfer akışlarındaki yarımküre-ölçekli iklim değişkenliği örüntüsü.	Southern Annular Flow	A hemispheric-scale pattern of climate variability in atmospheric flow in the southern hemisphere that is not associated with seasonal cycles.
Yoğunluk	Bir kimyasal madde, mineral veya bileşimin bir diğer kimyasal madde, mineral veya bileşimin içindeki hacim birim başına ölçülen kütlesi.	Concentration	The mass per unit of volume of one chemical, mineral or compound in another.
YR	Yer Radarı.	GPR	Ground Penetrating Radar
Yukaç	En eski tabakası çekirdeğinde (merkezinde) olan ve kemer (veya kambur) biçimli katman kayalardan oluşan bir jeolojik kıvrım (büklüm).	Anticline	A type of geologic fold that is an arch-like shape of layered rock which has its oldest layers at its core.

Türkçe	Türkçe	English	English
Zar Biyoreaktörü	Mikrosüzme veya incesüzme örgüsü/ kumaşı gibi bir zar kullanan biyolojik arıtma sürecinin içinde meydana geldiği reaksiyon tankı. Üzerinde biyolojik oluşumlar büyüyebilen bu örgü/ kumaş, filitre zarının sınırları dahilindeki askıya alınmış büyüme sürecinden ince tanecikleri filitre ederek askıdaki katıların biyoreaktörden atılmasını azaltır ve reaktörün arıtma etkiliğini artırırken kalan sıvıların alıkoyulma zamanını da azaltır.	Membrane Bioreactor	The reaction vessel in which a biological treatment process occurs when that process utilizes a membrane, such as a microfiltration or ultrafiltration fabric, upon which a biological growth may occur, and which filters fine particles from a suspended growth process inside the confines of the filter membrane, thereby reducing the discharge of suspended solids from the bioreactor and increasing the treatment efficiency of the reactor, while reducing the retention time of the residual liquids.
Zar Reaktörü	Bir reaksiyona tepken (reactant) eklemek veya reaksiyonda ortaya çıkan ürünleri ortadan kaldırmak için bir kimyasal dönüşüm süreciyle bir zar ayrışım sürecini birleştiren bir fiziksel aygıt/alet.	Membrane Reactor	A physical device that combines a chemical conversion process with a membrane separation process to add reactants or remove products of the reaction.
Zararlı Atık	Halk sağlığı veya çevre açısından ciddi veya olası bir tehdit oluşturan atık.	Hazardous Waste	Hazardous waste is waste that poses substantial or potential threats to public health or the environment.
ZR	Bakınız: Zar Reaktörü	MBR	See: Membrane Reactor

References

Das, G. 2016. *Hydraulic Engineering Fundamental Concepts.* New York: Momentum Press, LLC.

Freetranslation.com. August 2016. Retrieved from www.freetranslation.com/

Hopcroft, F. 2015. *Wastewater Treatment Concepts and Practices.* New York: Momentum Press, LLC.

Hopcroft, F. 2016. *Engineering Economics for Environmental Engineers.* New York: Momentum Press, LLC.

Kahl, A. 2016. *Introduction to Environmental Engineering.* New York: Momentum Press, LLC.

Physics Link. n.d. Retrieved June 12, 2016, from www.physlink.com/education/askexperts/ae66.cfm

Pickles, C. 2016. *Environmental Site Investigation.* New York: Momentum Press, LLC.

Plourde, J.A. 2014. *Small-Scale Wind Power Design, Analysis, and Environmental Impacts.* New York: Momentum Press, LLC.

Sirokman, A.C. 2016. *Applied Chemistry for Environmental Engineering.* New York: Momentum Press, LLC.

Sirokman, A.C. 2016. *Chemistry for Environmental Engineering.* New York: Momentum Press, LLC.

The McGraw-Hill Companies, Inc. 2003. McGraw-Hill Dictionary of Scientific & Technical Terms, 6E. New York: The McGraw-Hill Companies, Inc.

Tureng Turkish-English Dictionary, http://tureng.com/en/turkish-english

Webster, N. 1979. *Webster's New Twentieth Century Dictionary, Unabridged.* 2nd Ed. Scotland: William Collins Publishers, Inc.

Wikipedia. March 2016. "Wikipedia.org." Retrieved from www.wikipedia.org/

CPSIA information can be obtained
at www.ICGtesting.com
Printed in the USA
LVOW08s0532160917
548895LV00007B/28/P